型紙の教科書
ドール服の原型・袖・襟

娃衣纸样教科书

—— 玩偶服装的原型 · 袖 · 领 ——

（日）荒木佐和子 著
费军伟 张艳辉 译

化学工业出版社
· 北京 ·

本书不同于一般的娃衣缝制教程，通过在娃娃上进行立体裁剪，来展示纸样的制作原理。从最基础的前身片和后身片的制作，到袖子、领襟等的制作，以及各部位如何根据款式进行变化，各种技术基础知识和要点都有详细讲解，并且对初学者常常产生疑问的地方采用一问一答样式，可加深学习印象。本书非常适合想给自己娃娃量体裁衣的娃娃爱好者，给娃娃设计好款式后，就可以像专业版型师一样，做出自己娃娃专属的原型纸样，并且可以根据纸样原理，在原型纸样的基础上，调整细节设计、缩放尺寸等，看到好看的服装款式时，再也不用担心纸样尺寸不适合自己的娃娃了。本书尽量不使用复杂难懂的专业术语，但是对每个细节要点的讲解都一丝不苟，很多知识点完全适用真人服装，所以也可供想给自己做衣服的读者参考。

北京市版权局著作权合同登记号：01-2019-1930

图书在版编目（CIP）数据

娃衣纸样教科书 /（日）荒木佐和子著；费军伟，张艳辉译. —北京：化学工业出版社，2019.9（2024.9重印）
ISBN 978-7-122-34427-4

Ⅰ. ①娃… Ⅱ. ①荒… ②费… ③张… Ⅲ. ①手工艺品-制作-教材 Ⅳ. ①TS973.5

中国版本图书馆CIP数据核字（2019）第085555号

责任编辑：高　雅　　装帧设计：王秋萍
责任校对：张雨彤

出版发行：化学工业出版社（北京市东城区青年湖南街 13 号　邮政编码 100011）
印　　装：北京宝隆世纪印刷有限公司
880mm × 1092mm　1/16　印张 6　插页 3　字数 300 千字　2024 年 9 月北京第 1 版第 4 次印刷

购书咨询：010-64518888　　售后服务：010-64518899
网　　址：http://www.cip.com.cn
凡购买本书，如有缺损质量问题，本社销售中心负责调换。

定　价：79.80 元

目录

手工娃服制作的初学者
小兔小姐

服装制作达人
猫先生

※ 纸样制作所需材料及工具 ※

下面介绍下娃衣纸样制作所需的材料及工具。

有一些是普通缝纫过程中不常用到的。

不忘节约，一起开始愉快的纸样制作吧。

弹性绷带

↑一般在药店可以买到。

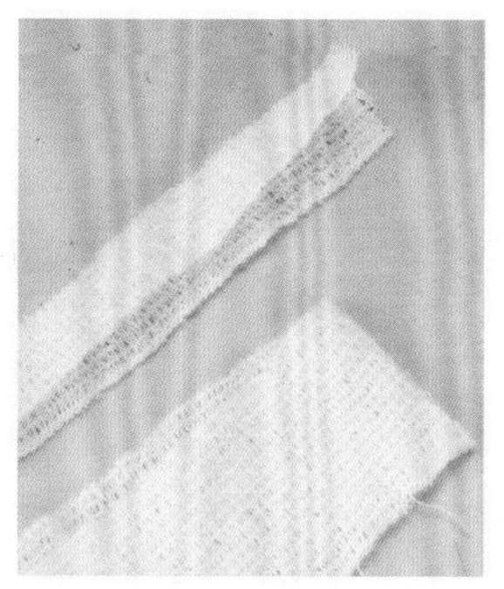

↑可选择较薄的弹性绷带，小尺寸的娃娃可以用对折的弹性绷带、大尺寸的娃娃需要用双层弹性绷带来缠绕。

因为要直接缠绕娃娃身体，而非服装模型，所以必须选用伸缩性的材料。本书选用的是 5cm 宽的弹性绷带。

虽然市面上也有彩色弹性绷带出售，但请务必选用白色的。因为这样能清楚区分绷带上黑色标记胶带的位置。

人造纤维绷带在实际缠绕时非常滑，最好不要选用，可以选用聚酯纤维的。

自粘绷带

↑一般在药店可以买到。

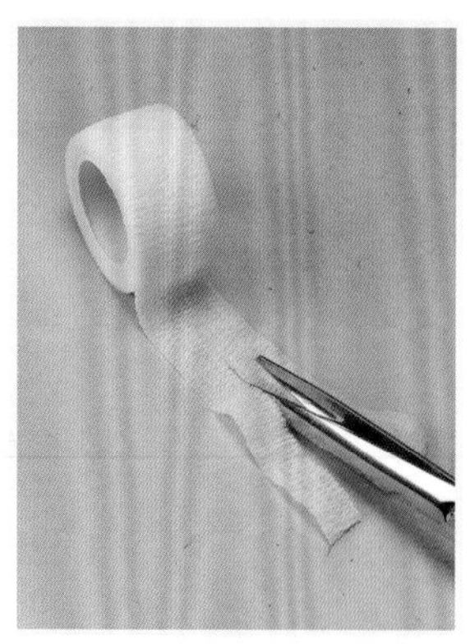

↑无论怎么剪都不起毛边，非常方便。

自粘绷带可直接缠绕皮肤，也可黏在绷带上。很难用普通绷带进行缠绕的娃娃，用这种自粘绷带缠绕非常便利。

目前为止虽然还没发现因使用自粘绷带而导致娃娃身体变质的，但贴的时间过长会引起娃娃身体变色、黏糊，所以最好在用完后立刻取下。

市面上也有肤色的自粘绷带出售，请务必选用白色或象牙白色。选用肤色自粘绷带的话，在后期贴厨房专用纸巾时会很难区分出标记用黑色胶带。

标记用黑胶带

↑为了避免粘上灰尘，使用后要立刻放回包装袋中。

推荐使用 1.5mm 宽的黑胶带。

↑用手就可以轻松撕断的胶带，用来做位置标记是最方便不过的。

贴在娃娃身体上，用以区分腰部、前中心等部位。1.5mm 的宽度，适合各种尺寸的娃娃。一般在服装设计用品店可买到。颜色一定要选用黑色的。

厨房专用纸巾

↑厨房专用纸巾。

↑选用不带花纹的厨房专用纸巾。

一般纸样通常用布制作，而给娃娃做纸样可以用厨房专用纸巾，配合胶带使用，方便又实惠。

要选择无花纹的厨房用纸巾，有花纹的会干扰制作。

如果纸巾纹路太明显，可以用保鲜膜的纸芯滚压几次，摊平后使用。

选厚一点的厨房专用纸巾没关系，可以用来制作娃娃的裤子和外套等纸样。后面还需要缝合，在一定程度上可作为布的替代品。

小号珠针

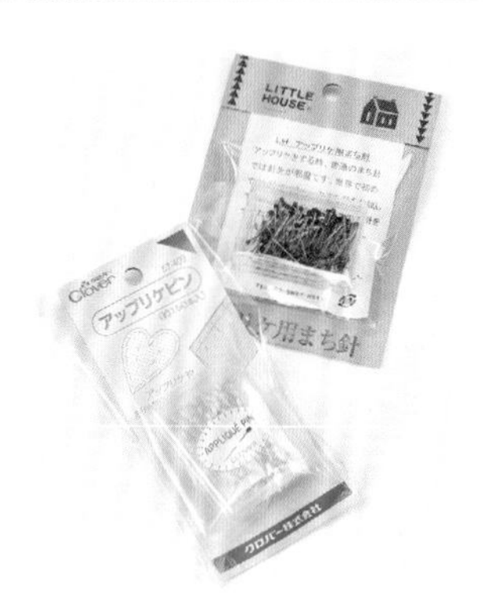

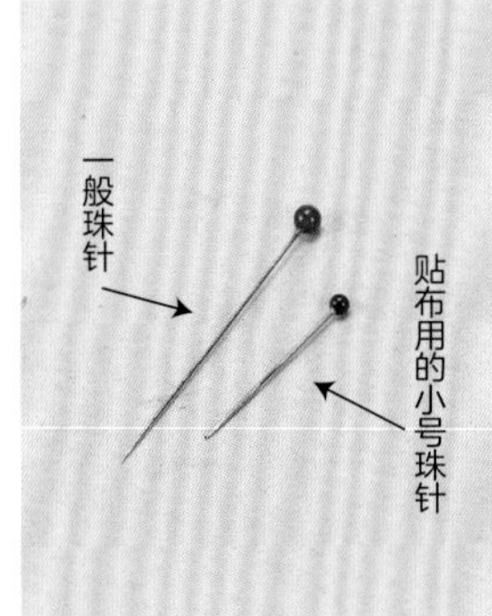

贴布用的珠针非常小，适合用于 1/6 娃娃的纸样制作。

标记贴

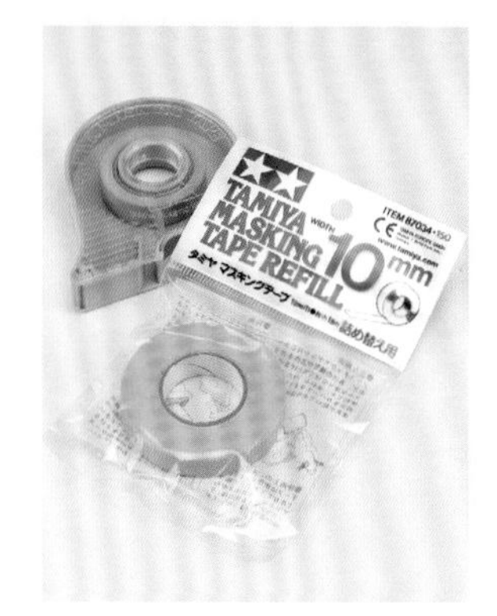

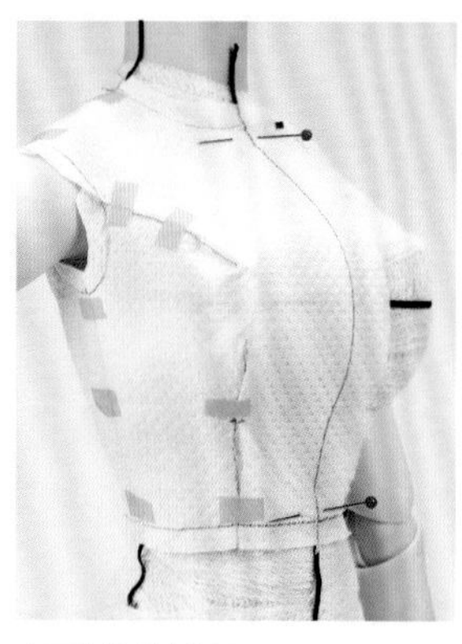

↑可代替珠针使用。

使用标记贴便于将分开的纸样固定起来防止移动。在拼接厨房专用纸巾、裁断后组合式样时可代替珠针使用。要选用粘合力强的标记贴。

可写修改贴

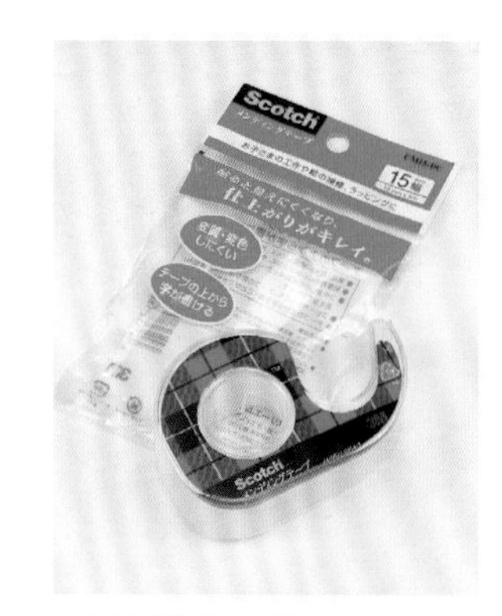

推荐使用 3M 品牌的 18mm×30m 的可写修改贴。

↑可以在可写修改贴上用铅笔画线。

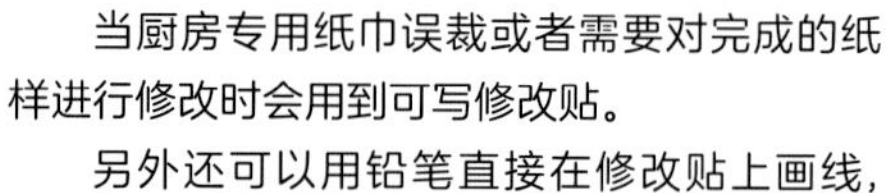

当厨房专用纸巾误裁或者需要对完成的纸样进行修改时会用到可写修改贴。

另外还可以用铅笔直接在修改贴上画线，使用非常方便。

网格尺

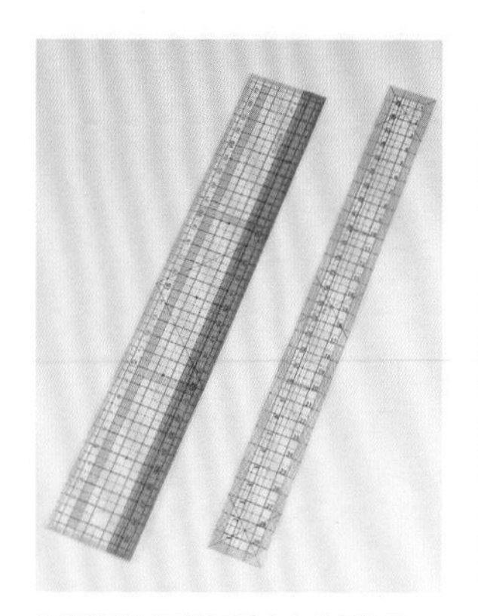

↑推荐使用两端不留空白的网格尺。

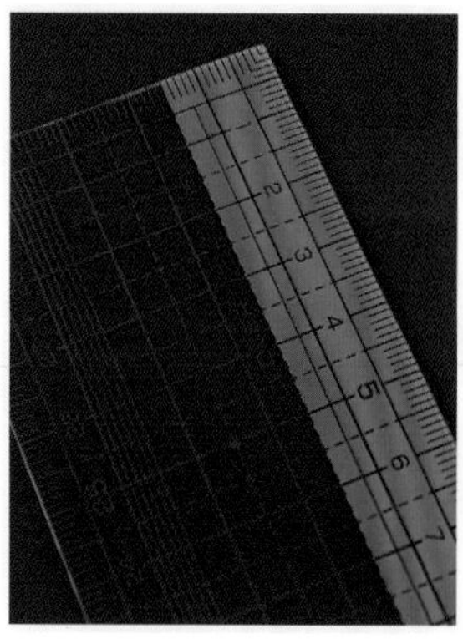

↑缝纫专用尺颜色较深，但尺子上的标记非常清晰。

使用网格尺可以轻松画出等间距的平行线。在确定样纸的缝份时会经常使用到网格尺。尽量买 2 根 30cm 的网格尺，将其中 1 根截掉一半，制作成 15cm 的尺子，使用起来更方便。

5mm 方格纸

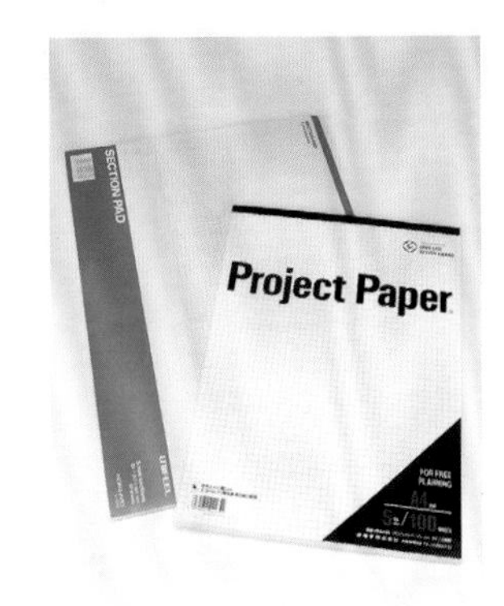

↑ 5mm 方格不会让人看花眼。

用带刻度的方格纸制作纸样非常方便。1mm 的方格用起来让人头晕眼花，所以特别推荐使用 5mm 的方格纸。

推荐购买 A4 和 B4 两种规格，可分别用于不同尺寸娃娃的纸样制作。

临摹纸

推荐使用规格为 40g 的透明临摹纸。

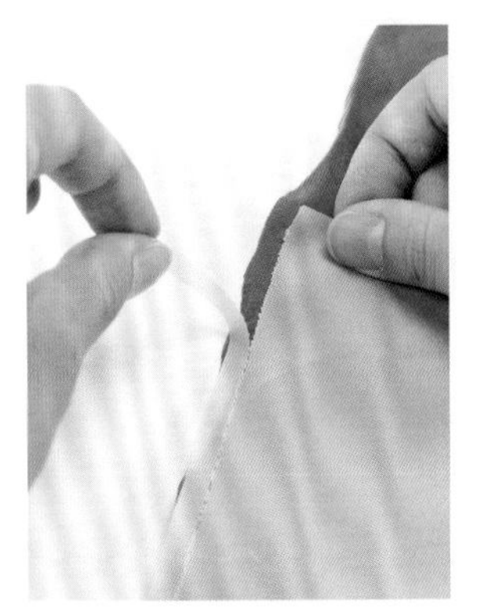

↑缝后易撕破。

这种半透明的临摹纸在描绘及检查纸样时发挥着很大的作用。

这种临摹纸贴合度好，几近透明，用起来很方便。太过透明的临摹纸在用铅笔描摹时分不清正反，这是一大缺点。如果再用橡皮擦擦拭，纸面就更不堪了。因此可以在临摹纸上写上小字“正”、“反”，加以区分。

临摹纸不仅仅可以用来临摹，还有其他用途。摄影时可以蒙在灯上调节灯光、分散光线；机缝薄布的时候也可以垫在薄布下减轻缝制难度。

迷你熨斗

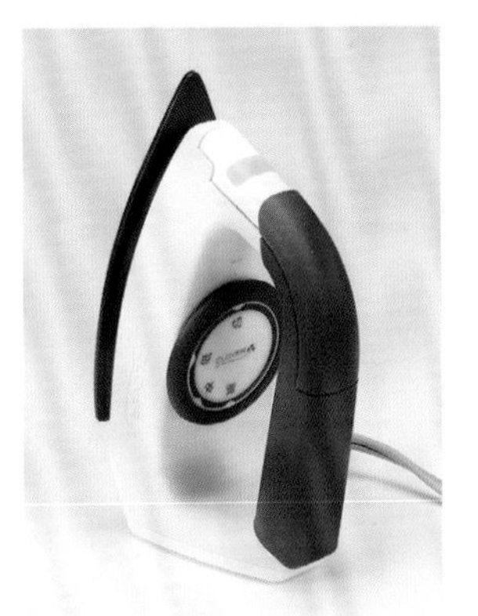

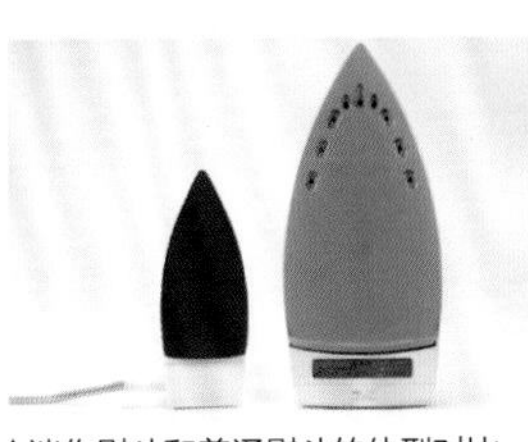

↑迷你熨斗和普通熨斗的体型对比

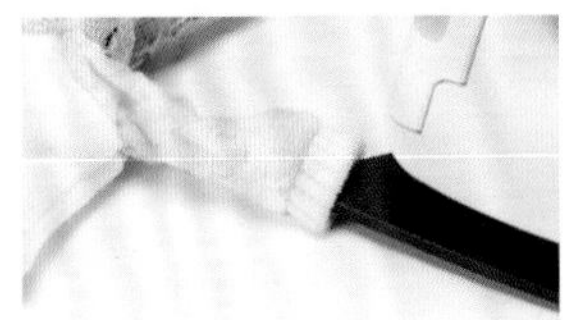

↑端头比较尖，操作方便。

迷你熨斗是娃娃服装制作中不可缺少的重要工具。请尽量选择端头较尖、能调节温度的迷你熨斗。

迷你熨斗不仅用于精细的手工制作，用来熨烫衬衣的衣领也十分方便。不过因为温度上升较快，熨烫衣领时要垫一条手帕。

第1章

确定造型

— DESIGN —

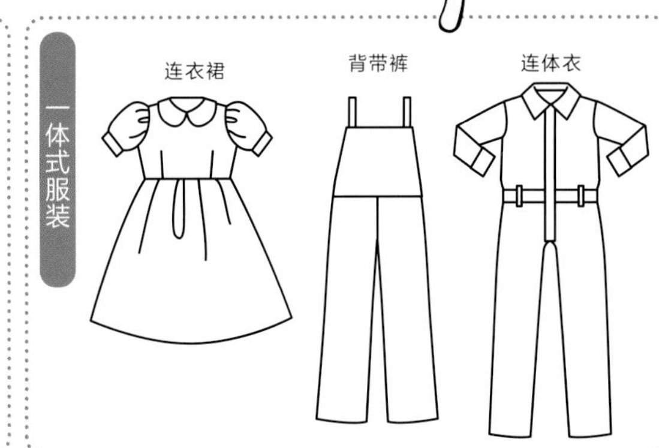

※也可以按背心、无扣短外套、针织打底裤、蓬蓬裙、衬裤来分类。

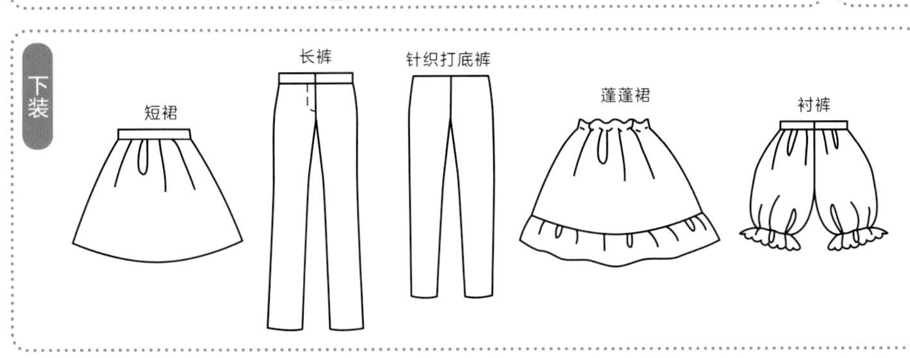

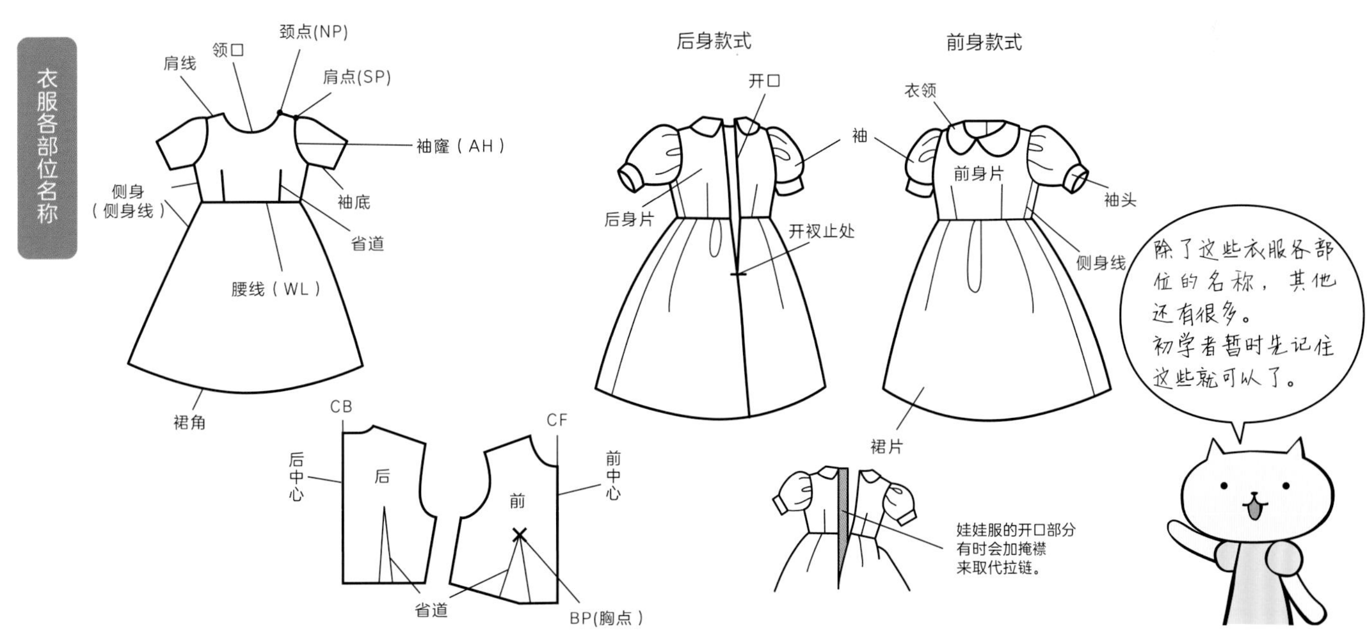

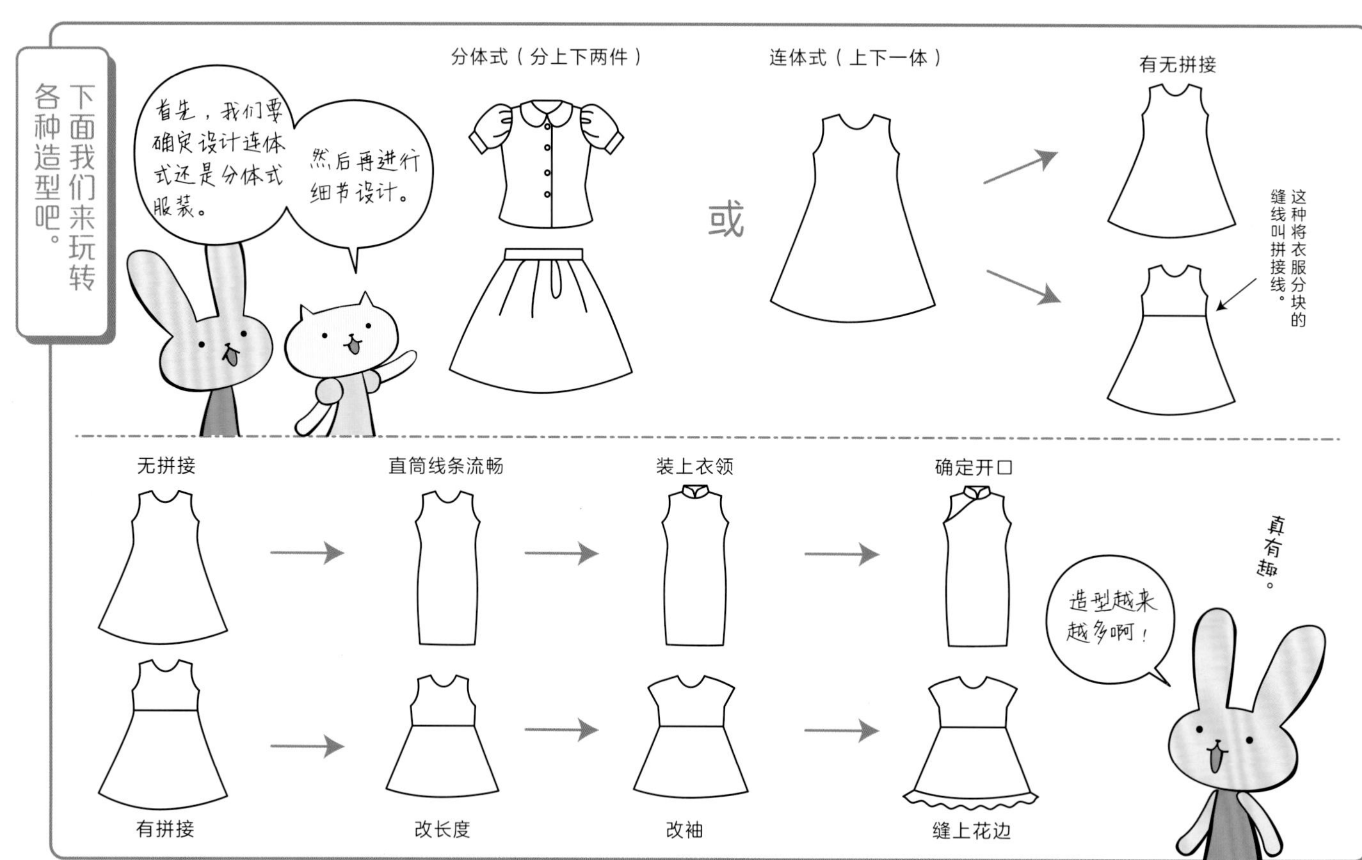
下面我们来玩转各种造型吧。
首先，我们要确定设计连体式还是分体式服装。
然后再进行细节设计。
分体式（分上下两件）
或
连体式（上下一体）
有无拼接
这种将衣服分块的缝线叫拼接线。
无拼接
直筒线条流畅
装上衣领
确定开口
真有趣。
造型越来越多啊！
有拼接
改长度
改袖
缝上花边

普通款式
衣片
高腰式
拼接式
吊带式
露肩式
背带式
高腰线
衣领
方领
V领
圆口领
圆领
水手领
衬衫领
立领
高领
滚领
加上花边。
先把左边这些画描下来，这样我就可以设计更多造型啦。

袖
普通长袖
灯笼袖
长灯笼袖
插肩袖
蝙蝠袖
法式袖
泡泡袖
前
后
连衣裙
A字连衣裙
直筒连衣裙
短裙
褶裙
荷叶裙
塔裙
直筒裙
顺便把后身款式一起画了。
别忘了开衩。
有了大致的造型，我们就可以用这种方法来推进设想。
拍摄娃娃正面，打印出等身大小图片。
↓注意避免出现下图这样！↓
低头
昂头
蒙上临摹纸，根据之前的造型设想来画图。
制作的时候，根据实际量出的尺寸来制作肩宽及裙长等。
这样画出的造型图就接近完工后的样子了。

第2章

制作原型

— BODICE I —

准备工作

先用保鲜膜将娃娃的头发和脸包裹起来，做好保护措施。

娃娃的头如果是一体式无法拆卸的，为了避免中途弄伤头部，需要用保鲜膜宽宽松松地裹起来。

然后再用标记贴固定下保鲜膜，这样后面好拆保鲜膜。

为了不弄坏发型，在制作完成后要立刻撕下保鲜膜。

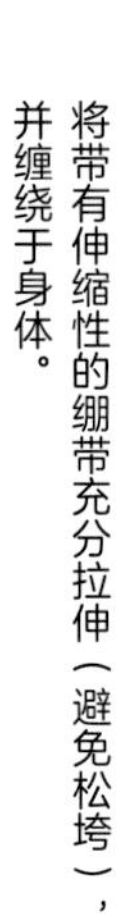

将带有伸缩性的绷带充分拉伸（避免松垮），并缠绕于身体。

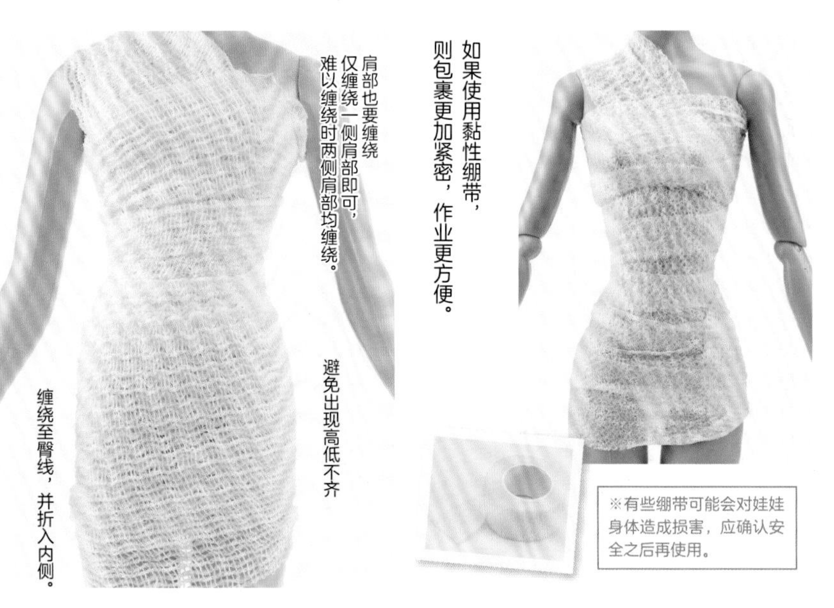

如果使用黏性绷带，则包裹更加紧密，作业更方便。

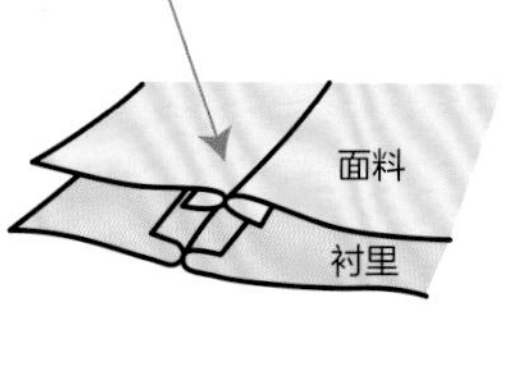

※有些绷带可能会对娃娃身体造成损害，应确认安全之后再使用。

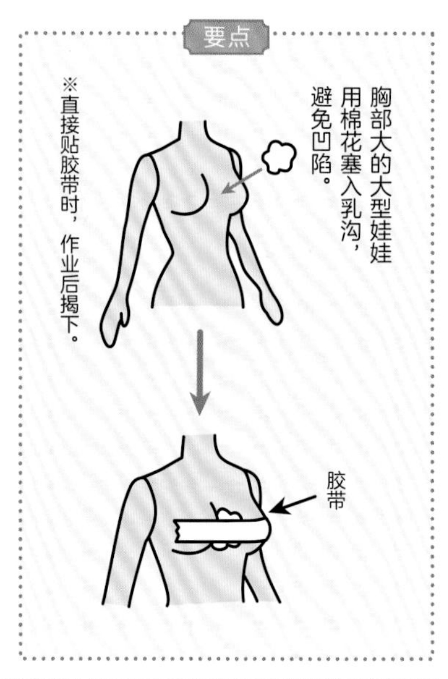

绷带缠绕于身体的优点

☆制作余量
☆控开侧身
☆保护身体

带有衬里时，缝份部分达到4层布料厚度。

如果事先制作余量立体裁剪，不用修改即可直接使用，省去不少麻烦。

☑绷带错位，难以作业。
☑娃娃太小，难以缠绕。
☑需要使用薄布料紧贴身体制作衣服。

黑胶带缠绕于身体

不同种类娃娃方便使用的宽度有所差异，一般为1.5mm。

购买黑胶带，又称人台胶带，立体裁剪胶带等。

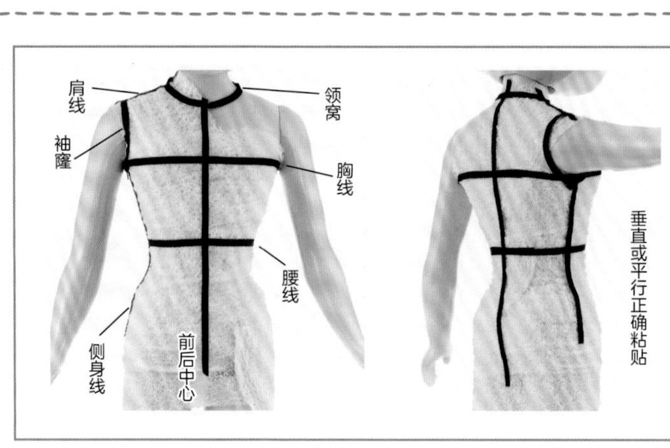

裁剪衣服时，肩部和侧身的线条用于指示位置，使成品效果更加美观。

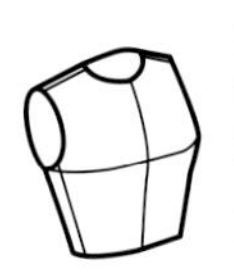

用厨房专用纸巾开始立体裁剪。

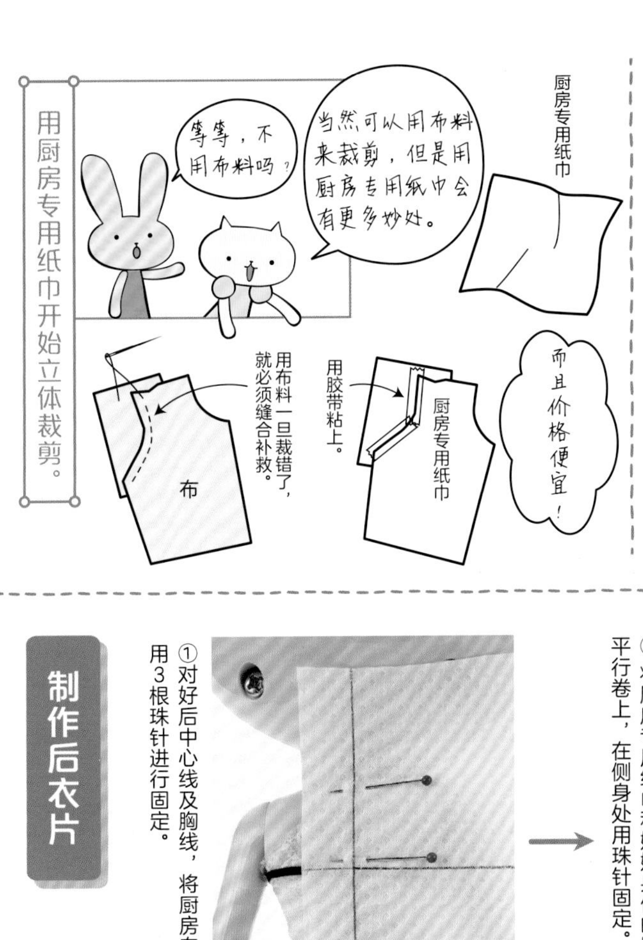

将厨房专用纸巾裁成需要的大小，画上线条。

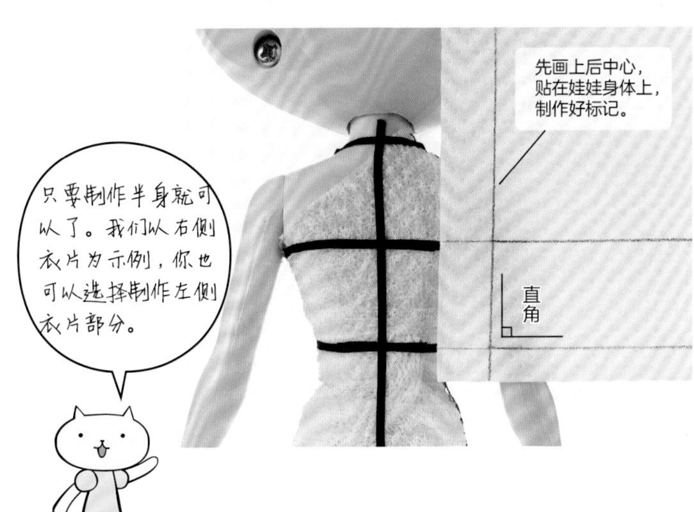

制作后衣片

① 对好后中心线及胸线，将厨房专用纸巾覆好，用3根珠针进行固定。

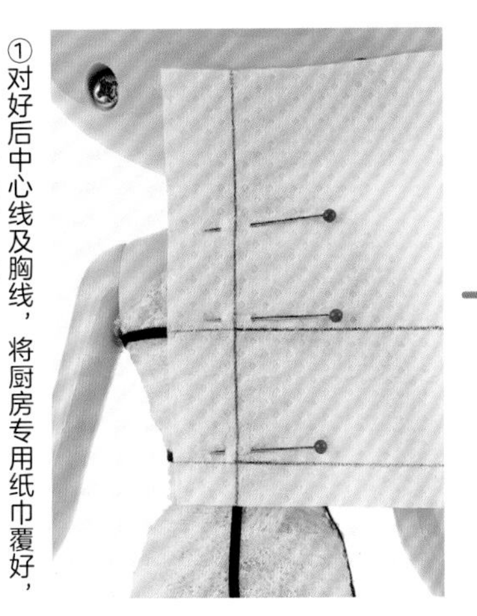

② 将厨房专用纸巾和娃娃身体的胸线对好，平行卷上，在侧身处用珠针固定。

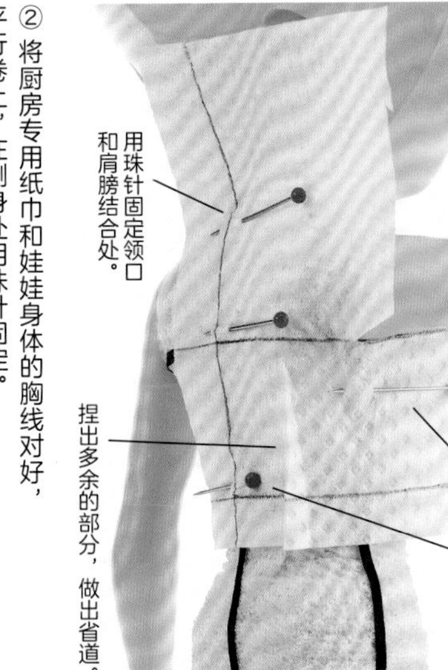

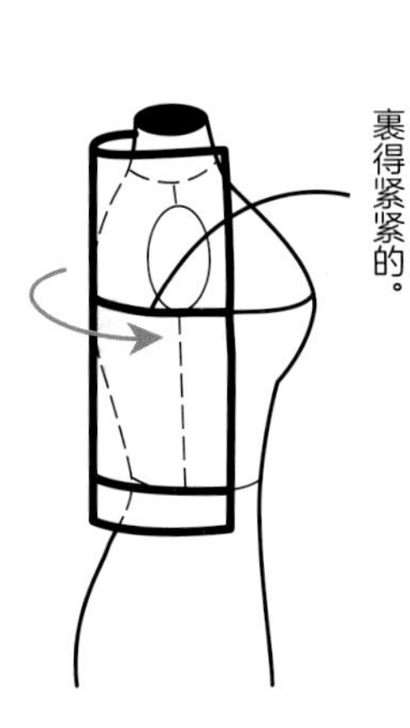

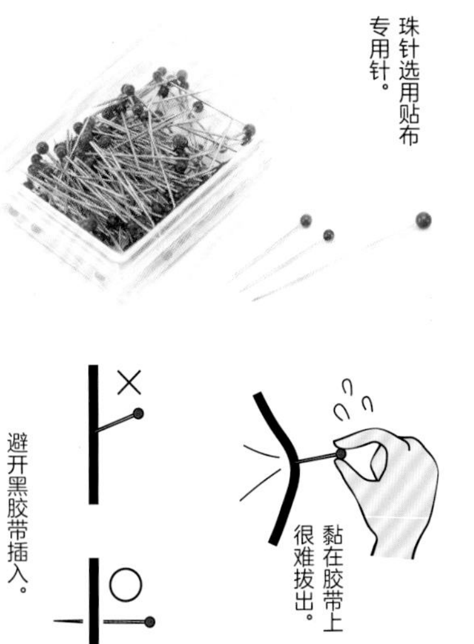

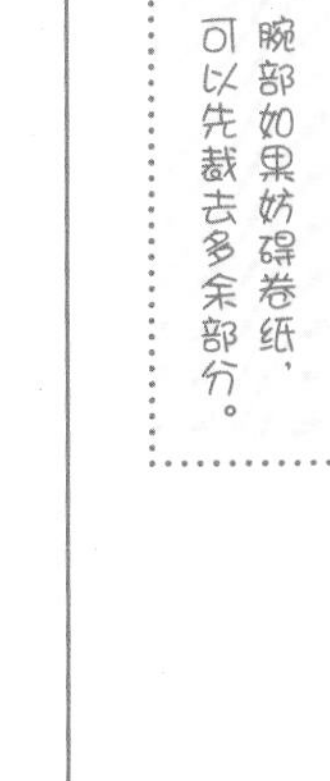

要点

腕部如果妨碍卷纸，可以先裁去多余部分。

上面也稍稍裁掉些。

描绘身体的线条，描好后裁去多余部分。

在立起的部分制作剪口。

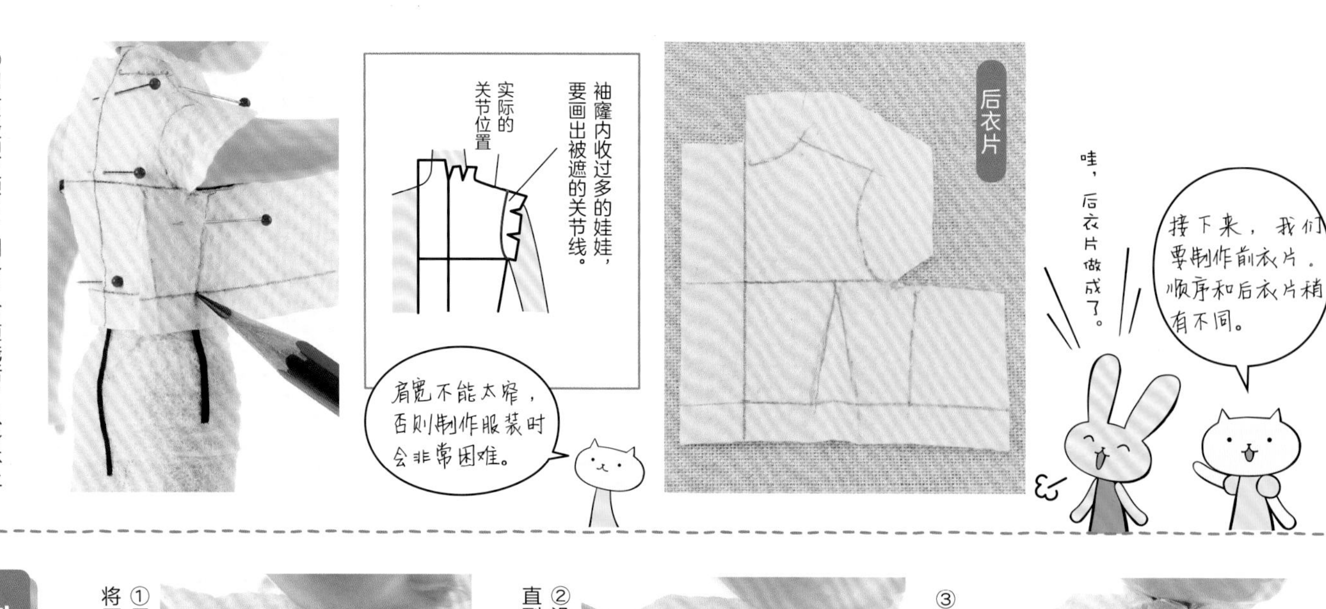
③用铅笔描下领口、侧身、省道线后，从身体上取下（描线时注意不要有遗漏）。
袖窿内收过多的娃娃，要画出被遮的关节线。
实际的关节位置
肩宽不能太窄，否则制作服装时会非常困难。
后衣片
哇，后衣片做成了。
接下来，我们要制作前衣片。顺序和后衣片稍有不同。

制作前衣片

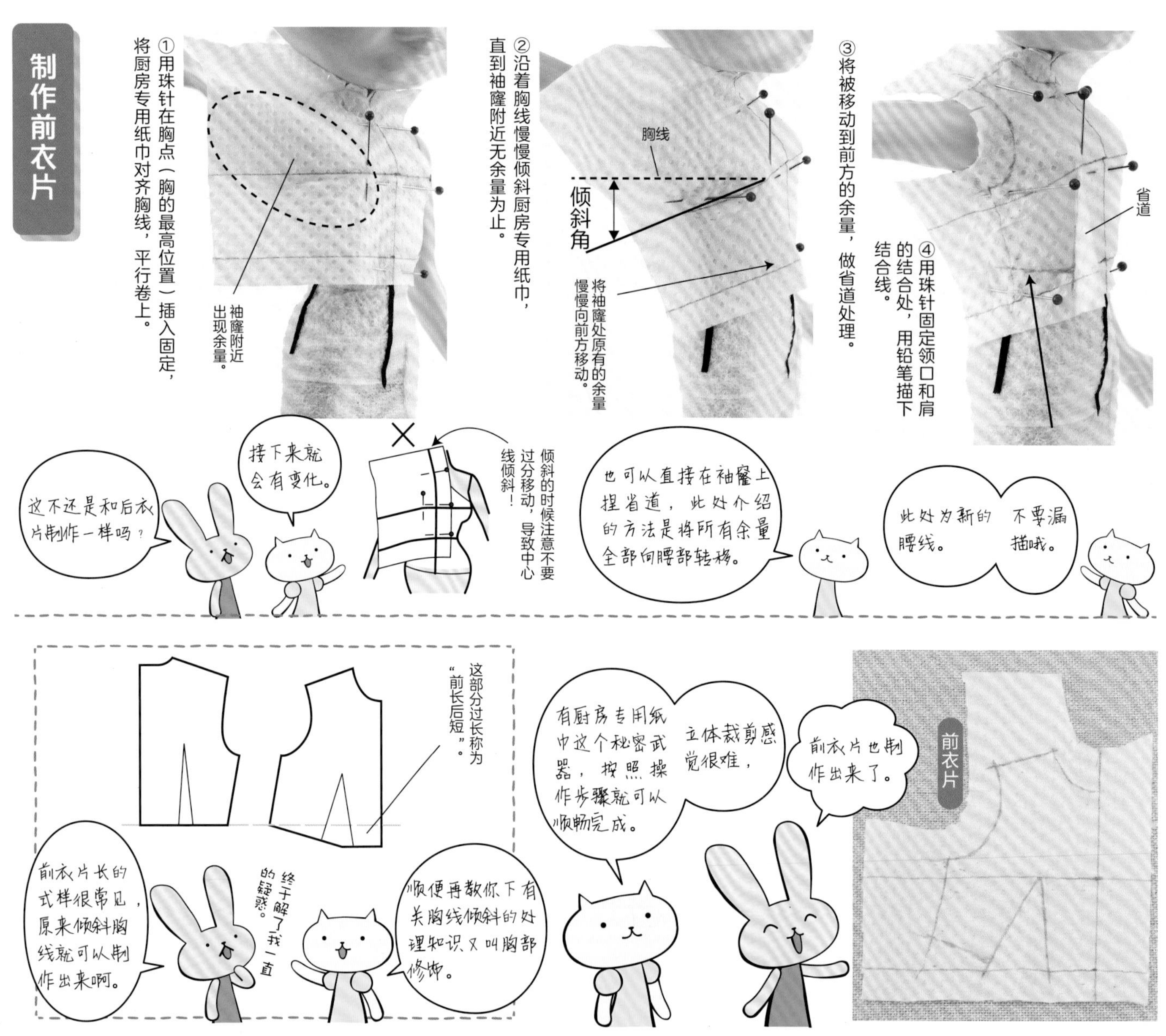
①用珠针在胸点（胸的最高位置）插入固定，将厨房专用纸巾对齐胸线，平行卷上。
袖窿附近出现余量。
②沿着胸线慢慢倾斜厨房专用纸巾，直到袖窿附近无余量为止。
胸线
倾斜角
将袖窿处原有的余量慢慢向前方移动。
③将被移动到前方的余量，做省道处理。
④用珠针固定领口和肩的结合处，用铅笔描下结合线。
省道
这不还是和后衣片制作一样吗？
接下来就会有变化。
倾斜的时候注意不要过分移动，导致中心线倾斜！
也可以直接在袖窿上捏省道，此处介绍的方法是将所有余量全部向腰部转移。
此处为新的腰线。
不要漏描哦。
这部分过长称为"前长后短"。
前衣片长的式样很常见，原来倾斜胸线就可以制作出来啊。
终于解了我一直的疑惑。
顺便再教你下有关胸线倾斜的处理知识又叫胸部修饰。
有厨房专用纸巾这个秘密武器，按照操作步骤就可以顺畅完成。
立体裁剪感觉很难，
前衣片也制作出来了。
前衣片

合纸样

将制作好的衣片展开，留足缝份，裁掉多余部分。

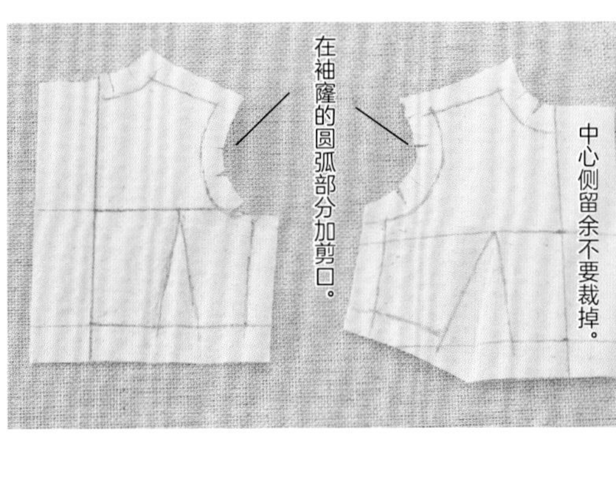

用修改贴加固、修补不小心弄破的地方。

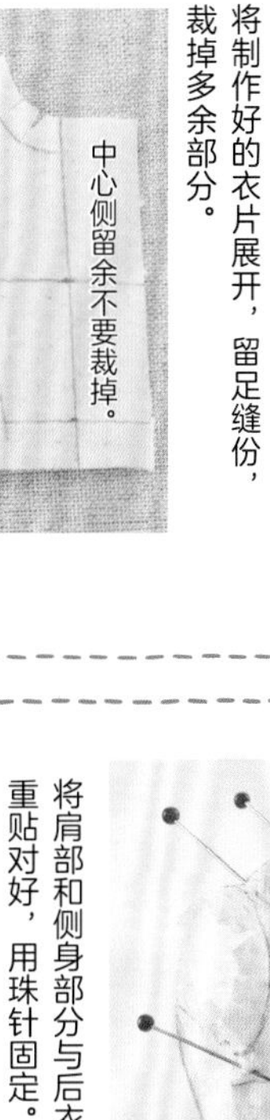

※修改贴上能直接用铅笔画线，而且也不用担心时间久了会短缩起皱，用于修改衣片再合适不过了。

折出衣片

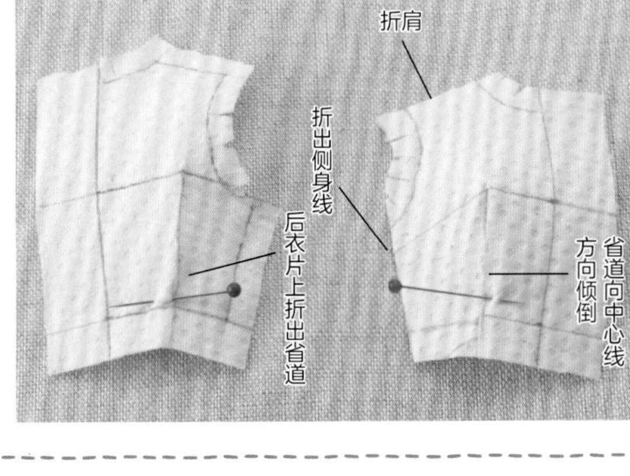

合衣片

将肩部和侧身部分与后衣片的缝份重贴对好，用珠针固定。

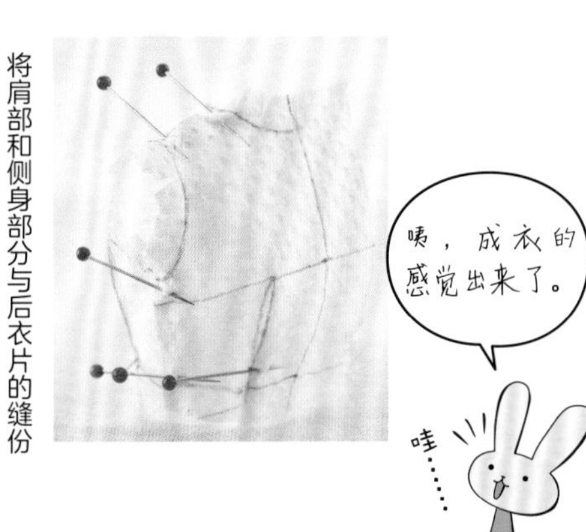

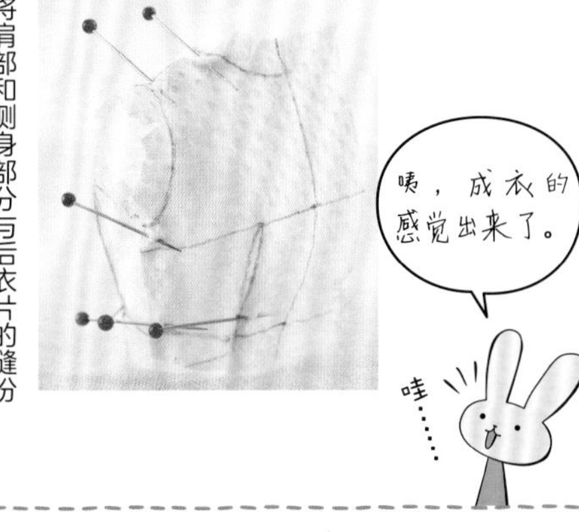

穿到娃娃身上

①合上前中心，用珠针固定。

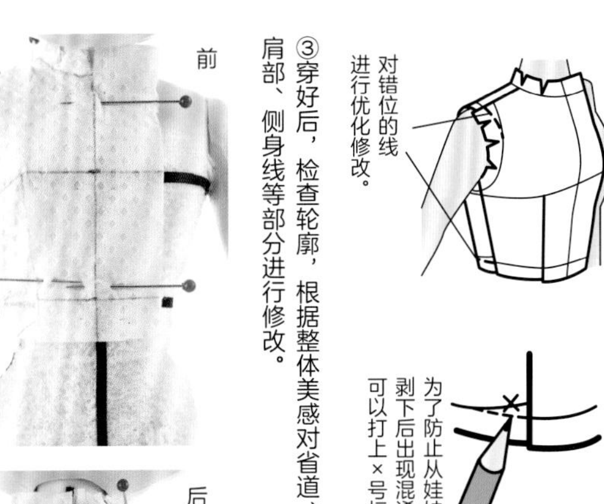

②轻轻拉直后衣片，贴合地穿在娃娃身上。

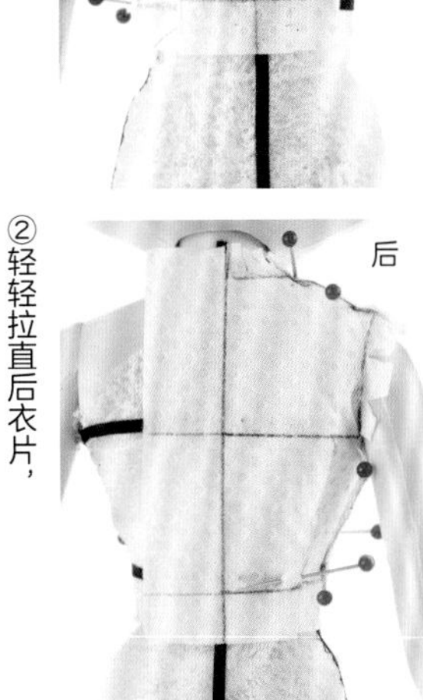

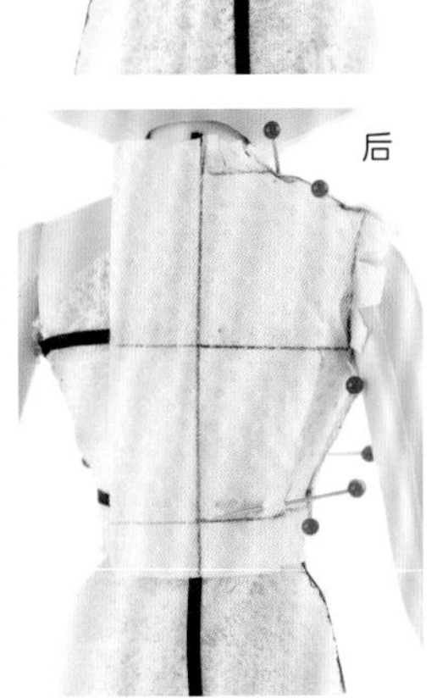

③穿好后，检查轮廓，根据整体美感对省道、肩部、侧身线等部分进行修改。

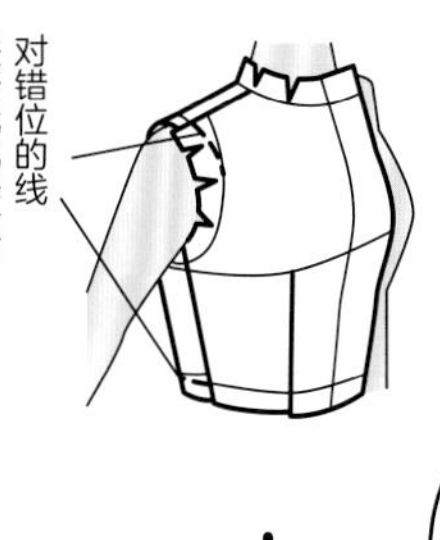

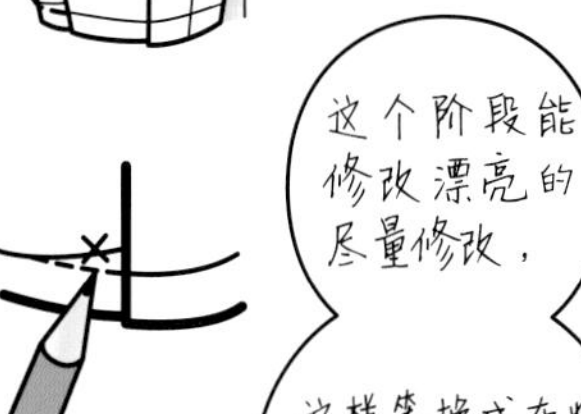

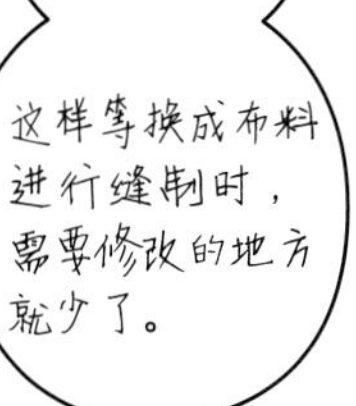

最后描到方格纸上，大功告成！

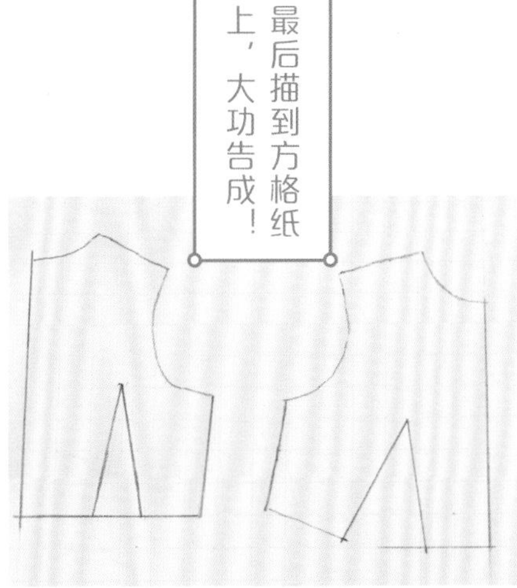

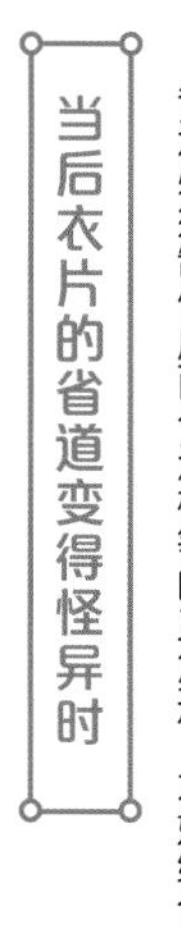

当后衣片的省道变得怪异时

省道必须制作成两个边相等的三角形，才好缝合。

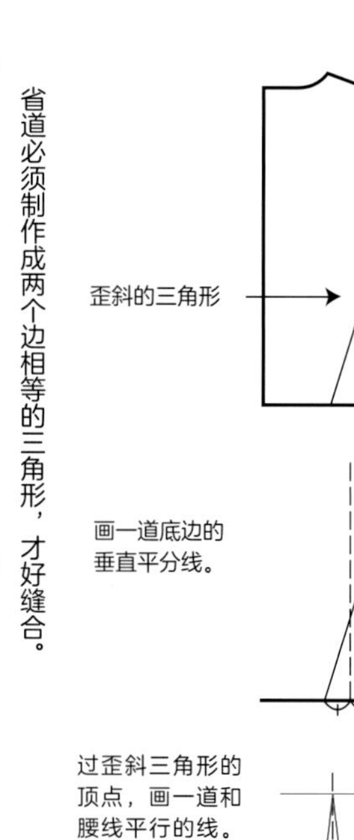

消除后省道

通过侧身来消除省道的方法。

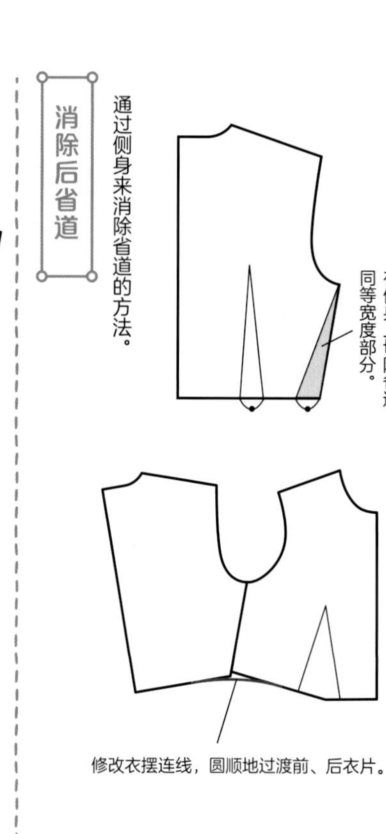

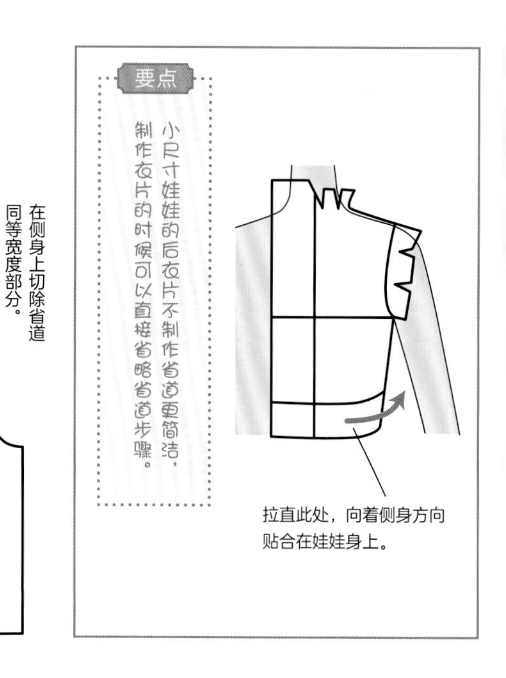

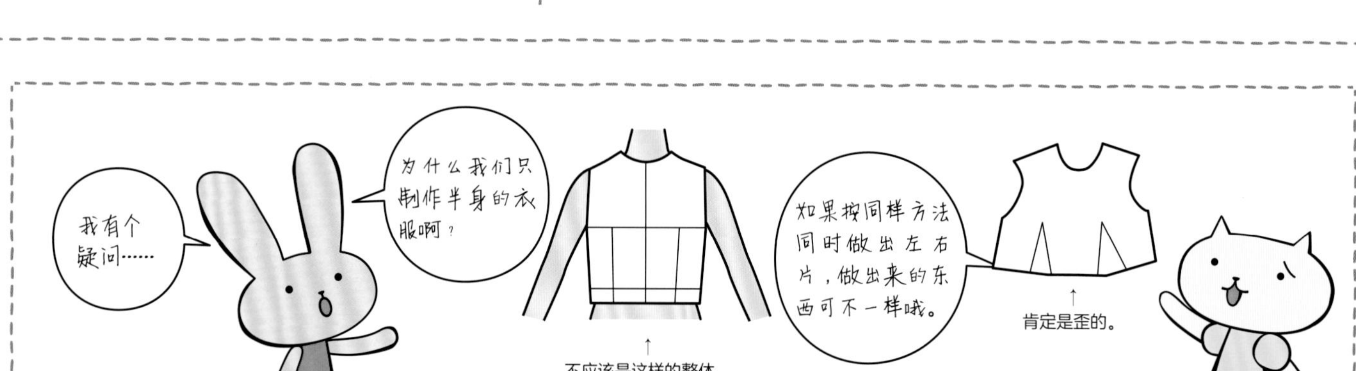

为了使左右对称，我们要先完成半身制作，再开始反向制作另一半。

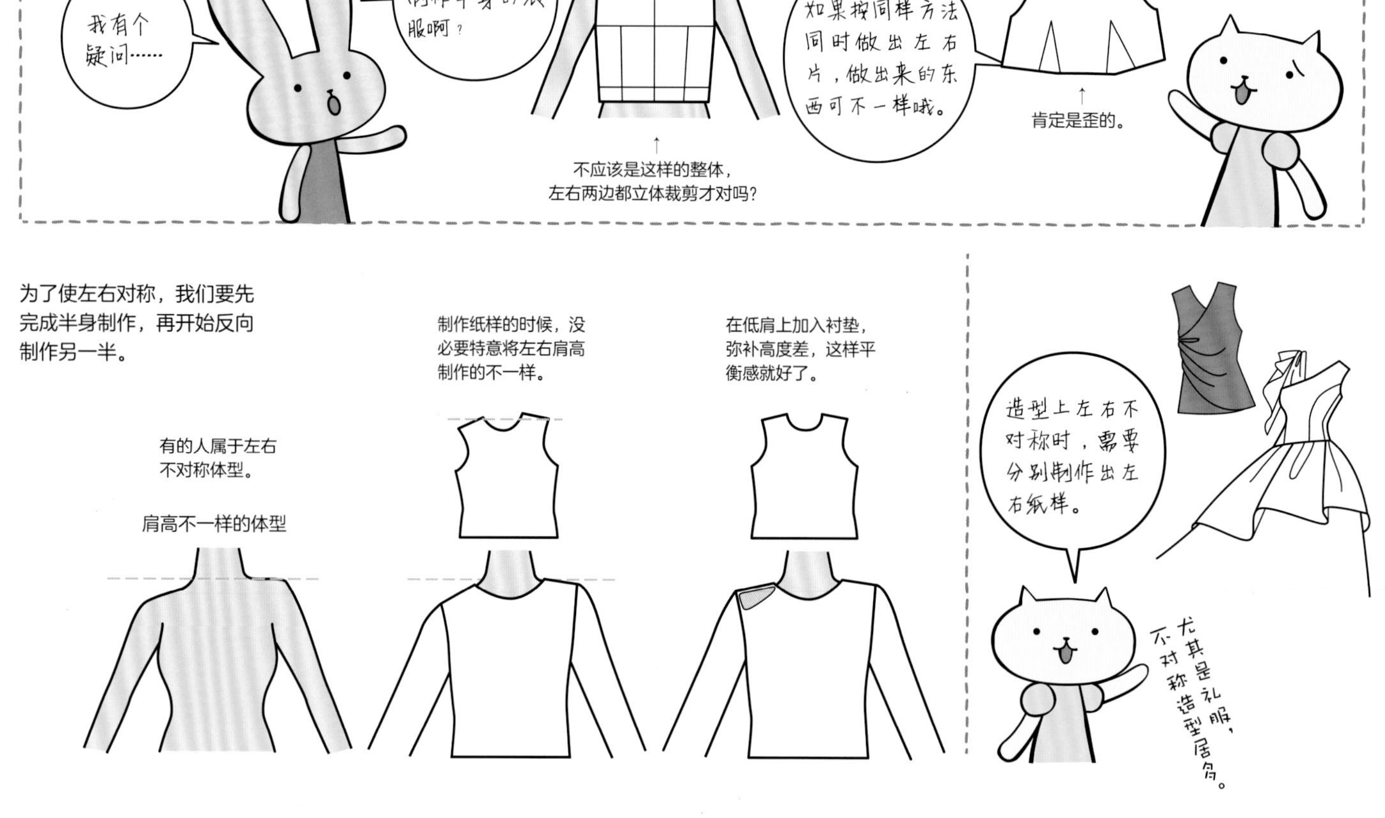

第3章

※

大胸娃娃原型

— BODICE Ⅱ —

《女仆服初制》杂志封面“招财猫”插画。

《女皇之刃》中的异端审判官斯琪

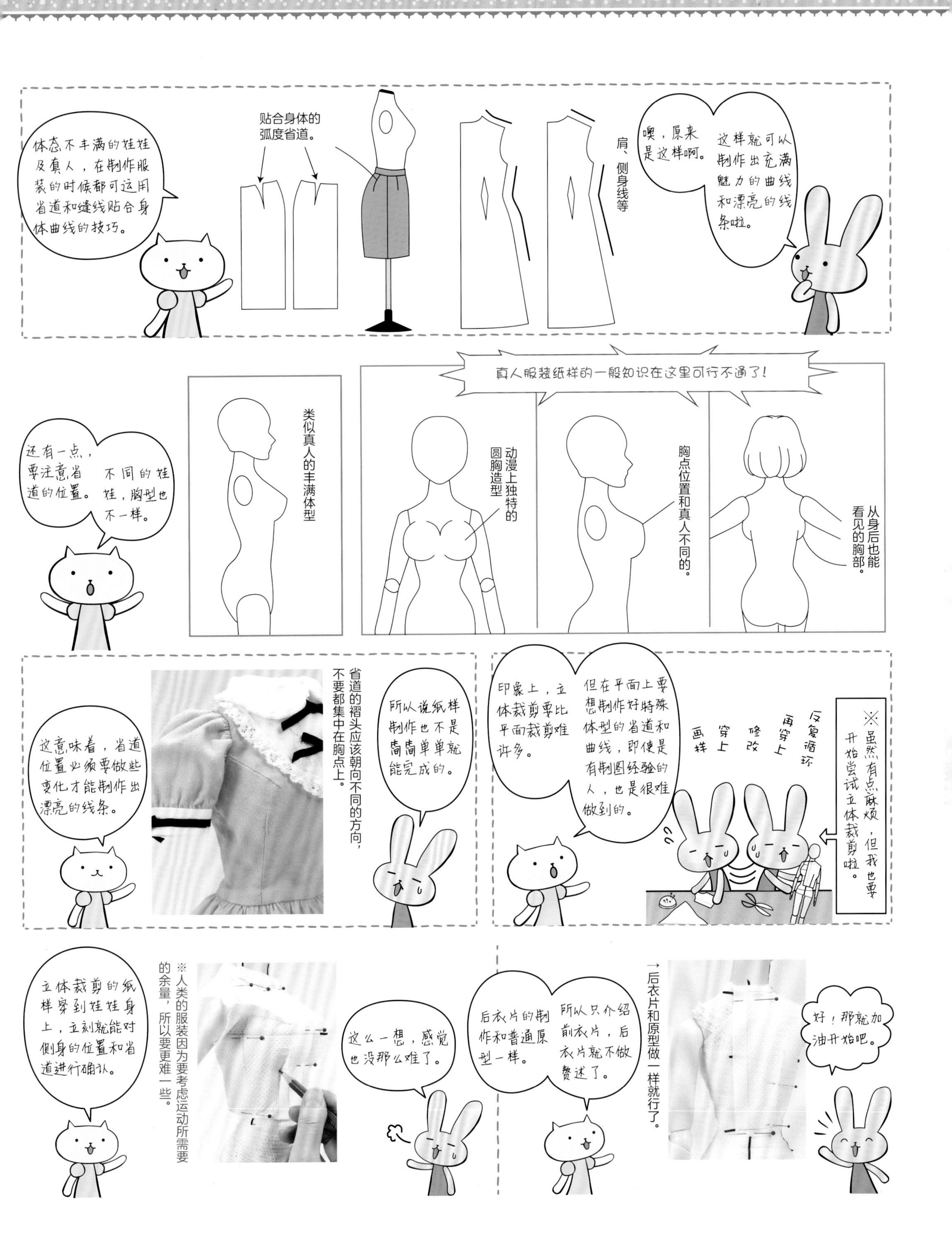
体态不丰满的娃娃及真人，在制作服装的时候都可运用省道和缝线贴合身体曲线的技巧。
贴合身体的弧度省道。
肩、侧身线等
噢，原来是这样啊。
这样就可以制作出充满魅力的曲线和漂亮的线条啦。
真人服装纸样的一般知识在这里可行不通了！
还有一点，要注意省道的位置。
不同的娃娃，胸型也不一样。
类似真人的丰满体型
动漫上独特的圆胸造型
胸点位置和真人不同的。
从身后也能看见的胸部。
这意味着，省道位置必须要做些变化才能制作出漂亮的线条。
省道的褶头应该朝向不同的方向，不要都集中在胸点上。
所以说纸样制作也不是简简单单就能完成的。
印象上，立体裁剪要比平面裁剪难许多。
但在平面上要想制作好特殊体型的省道和曲线，即使是有制图经验的人，也是很难做到的。
反复循环
再穿上
修改
穿上
画样
※虽然有点麻烦，但我也要开始尝试立体裁剪啦。
立体裁剪的纸样穿到娃娃身上，立刻就能对侧身的位置和省道进行确认。
※人类的服装因为要考虑运动所需要的余量，所以要更难一些。
这么一想，感觉也没那么难了。
后衣片的制作和普通原型一样。
所以只介绍前衣片，后衣片就不做赘述了。
→后衣片和原型做一样就行了。
好！那就加油开始吧。

制作大胸娃娃原型的方法

①将厨房专用纸巾裁成合适的大小，描下前中心线及胸线、腰线。

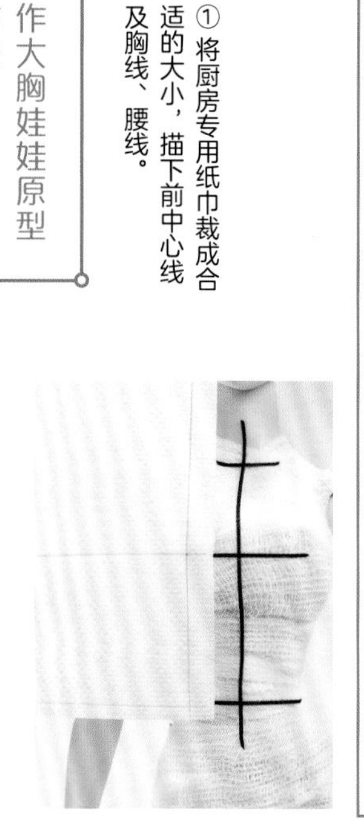

胸下不制作收束时

在厨房纸巾不弯曲的位置画上腰线。

胸下制作出收束时

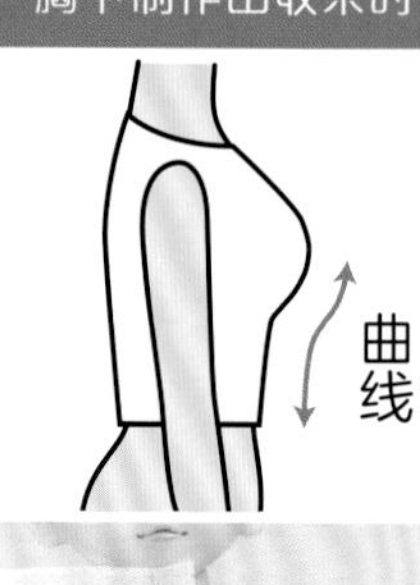

在胸下厨房纸巾弯曲的位置画上腰线。

②在胸线上水平卷上厨房纸巾，此时腰线和胸线都是平行的，上下插针固定。

如果腰线不平行，就需要上下移动厨房纸巾，确保纸上腰线和娃娃身体腰线重合。

※2处省道不以胸线为基准，必须以腰线为基准。

此时的胸线和娃娃身上的胸线稍微有些错位。

稍稍倾斜厨房纸巾，让画的腰线和实际腰线重合。

③在前中心的领口、腰线处插入珠针固定。

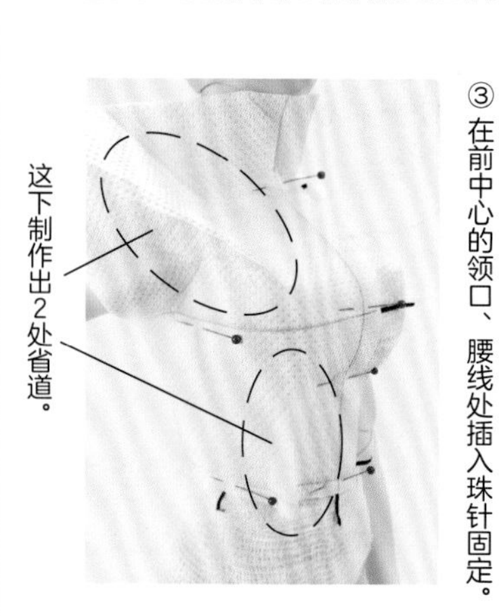

④抓取胸下余量，捏出省道。

胸下不收束

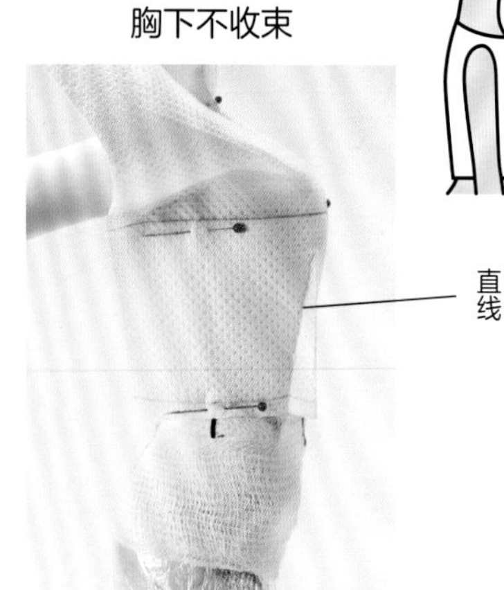

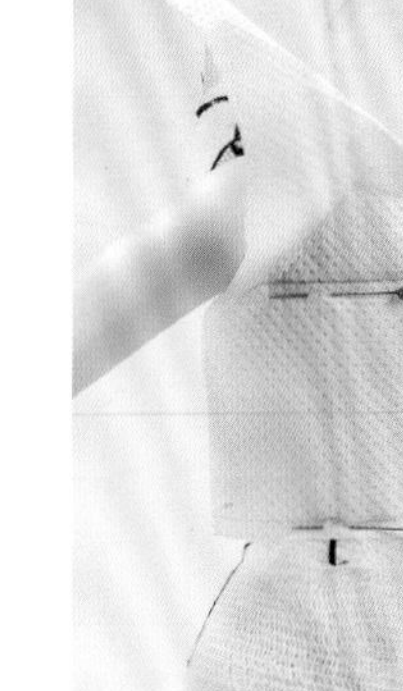

胸下收束

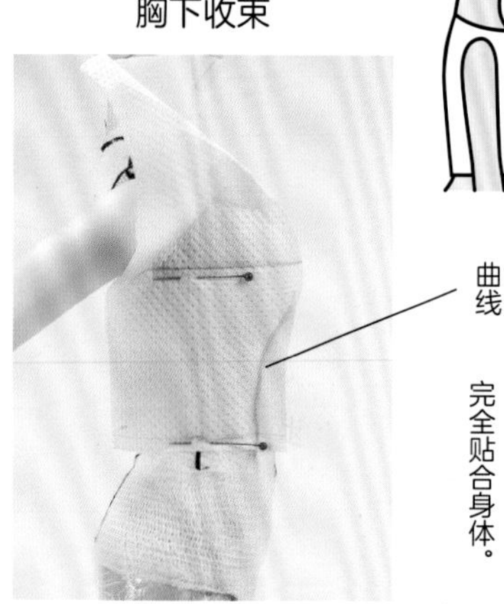

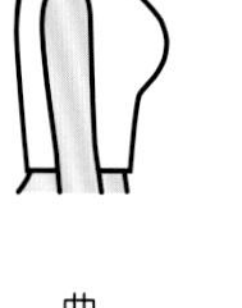

完全贴合身体。

⑤ 抓取袖窿处余量，做出省道。

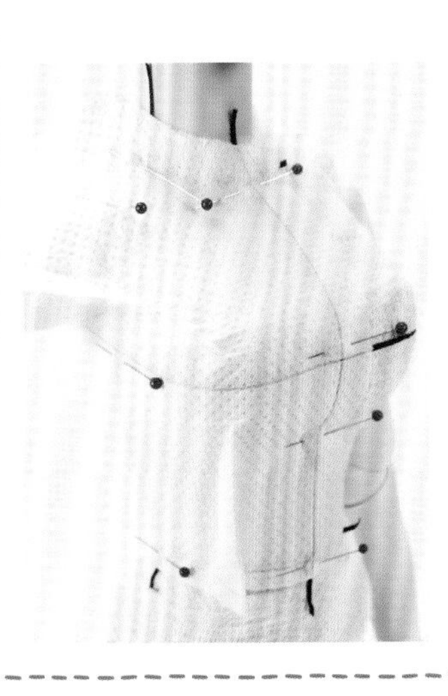

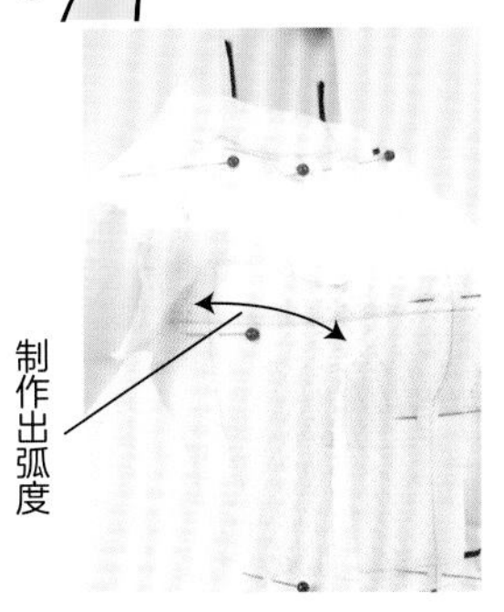

⑥ 在厨房纸巾上描下领口、袖窿、肩线、侧身线、省道及胸下收束的位置（只有胸下是曲线时才需要描出胸下收束位置）。

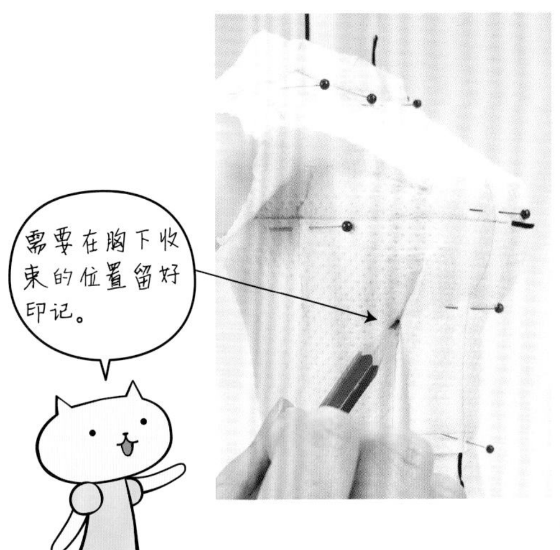

最后将从娃娃身上取下的原型按照之前普通原型相同的顺序进行合片就可以了。

衣片合成好后，注意确认前、后衣片有无感觉怪异的地方。

这一步非常重要，万不可省！

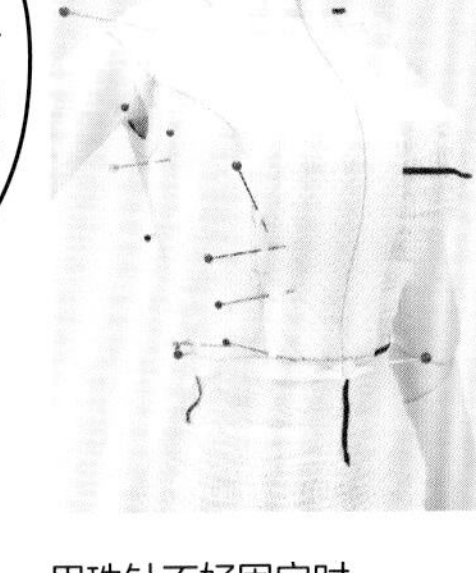

用珠针不好固定时，可用标记贴进行固定。

先用珠针固定好前中心，轻轻拉直后衣片，穿在娃娃身上。

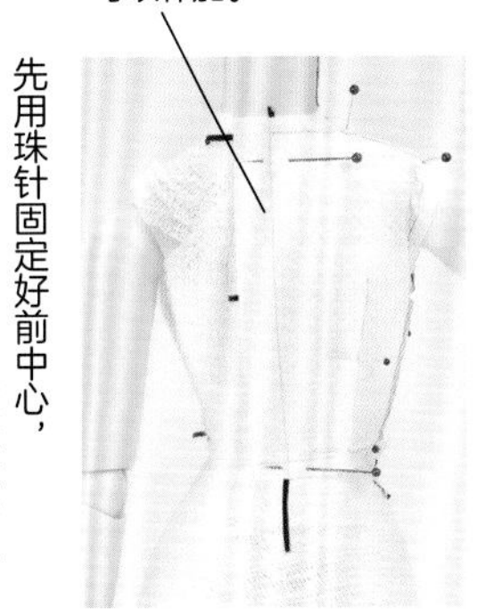

↑因为不是直线，向内折的时候不易成形。

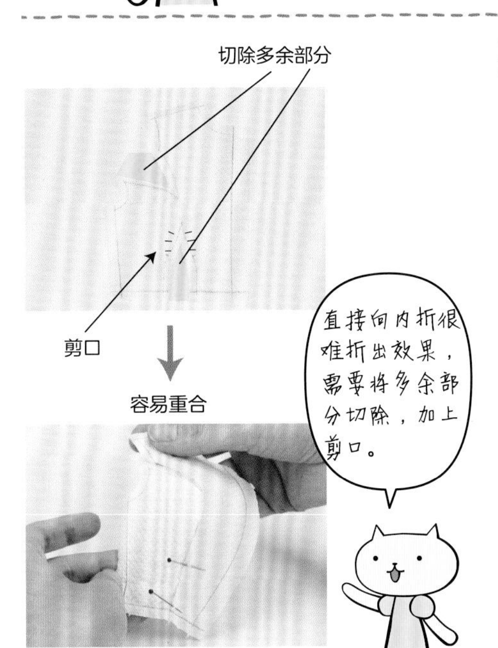

纸样完成

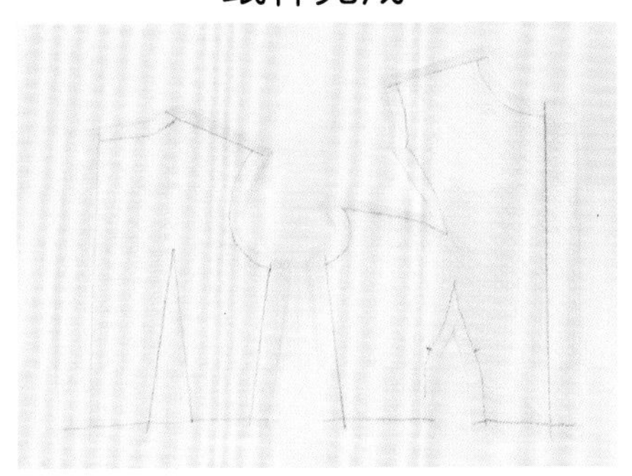

袖窿省道位置
找省道位置有窍门。
首先请仔细观察不同之处。
向上捏省道的时候
缝份是尖的
向下捏省道时
缝份宽松
侧身上的缝份会盖住肩部的缝份。
原则上省道应该向上倒，这样缝份过分朝上会导致和肩部、侧身的省道重叠。
尽量减少娃娃衣服布料的重叠量，后处理才会更好看。
而且，这么一来缝份不会尖锐，也容易裁剪。
所以，省道和袖窿要尽量成直角。
这里要注意的是"尽量"成直角。
比起这种角度
这种更好
领口、肩部、侧身上都可以捏省。
为了便于原型的展开和改造，在袖窿处捏省是最方便的。
另外，捏省道，在袖窿处能制作出漂亮的胸线。
可以由原型改造出这样的连衣裙。
领口
非常简单的可以在侧身捏省道。
侧身褶
分块式，导致领口线非常难画。
原型的展开稍微有点难度，后面会有详细说明。
肩部省道
领部省道
其他时候，捏省就稍显麻烦了。
胸下省道
胸下省道要尽量和腰线垂直，这样后面容易展开。
没有垂直于腰线。
腰线出现错位。
后衣片省道也如出一辙。
垂直于腰线。
腰线为漂亮的连贯直线。
将省道的弧度修改成左右对称形，这样更易于缝制。
左右有些微妙的区别。
修改成左右对称。
不过，有时候不强求去修改也会达到意想不到的效果。
有时会变形成这样。

第4章

原型的展开

— BODICE Ⅲ —

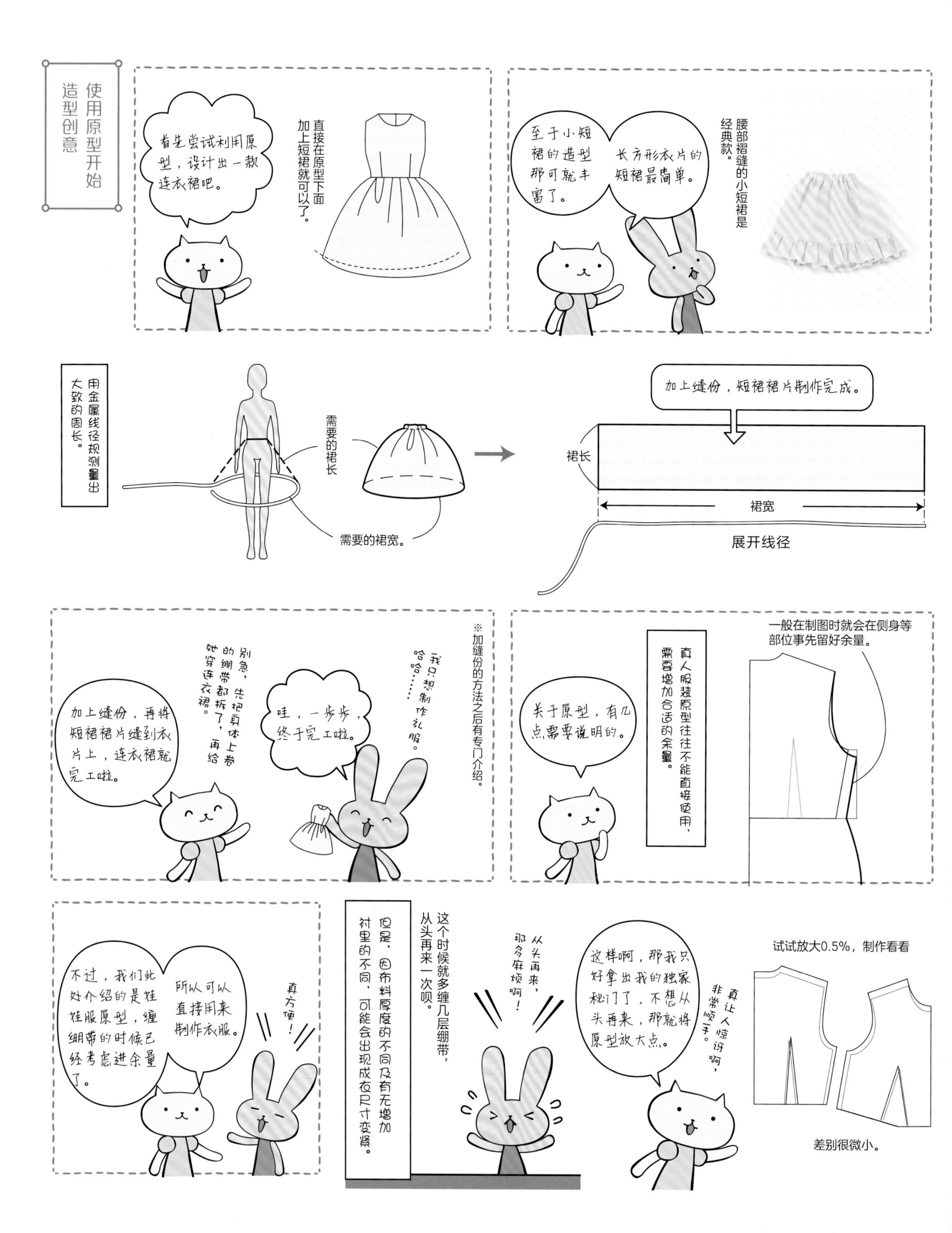
使用原型开始造型创意
首先尝试利用原型，设计出一款连衣裙吧。
直接在原型下面加上短裙就可以了。
至于小短裙的造型那可就丰富了。
长方形衣片的短裙最简单。
腰部褶缝的小短裙是经典款。
用金属线径规测量出大致的周长。
需要的裙长
需要的裙宽。
加上缝份，短裙裙片制作完成。
裙长
裙宽
展开线径
加上缝份，再将短裙裙片缝到衣片上，连衣裙就完工啦。
别急，先把身体上的绷带都拆了，再给她穿连衣裙。
哇，一步步，终于完工啦。
我只想制作礼服。哈哈……
※加缝份的方法之后有专门介绍。
关于原型，有几点需要说明的。
真人服装原型往往不能直接使用，需要增加合适的余量。
一般在制图时就会在侧身等部位事先留好余量。
不过，我们此处介绍的是娃娃服原型，缠绷带的时候已经考虑进余量了。
所以可以直接用来制作衣服。
真方便！
但是，因布料厚度的不同及有无增加衬里的不同，可能会出现成衣尺寸变紧。
这个时候就多缠几层绷带，从头再来一次呗。
从头再来，那多麻烦啊！
这样啊，那我只好拿出我的独家秘门了。不想从头再来，那就将原型放大点。
真让人惊讶啊，非常顺手。
试试放大0.5%，制作看看
差别很微小。

移动下原型的省道，像玩拼图游戏一样，多尝试几下。
左边原型中省道的位置可以轻易移动。
前衣片
BP
※BP（胸点）=胸部最高的位置
一处省道
从胸点为原点，慢慢倾斜原型的位置。
BP
怎么移才好呢？
幅片剪切线纸样
画出胸线和袖窿的连线。
沿线向下倾斜，让底边贴上腰线。
WL
分块
圆顺过程中形成的角。
前衣片
前侧身
公主线纸样
画出胸线和肩部的连线。
将侧身部分向腰线倾斜，直到底边贴合。
WL
分块
圆顺过程中形成的角。
前衣片
前侧身
领口褶缝纸样
画出胸线和领口的连接线。
倾斜位置，直到领口省道吻合相连为止。
此处不要捏出省道，而是制作连续的领口褶缝。
在领口处画出漂亮的曲线。
示例
《Dolly bird 15》杂志中刊载的纸样。
描纸样，分块，像玩拼图一样来动手试试吧。
哎呀，感觉似懂非懂。
初学者确实很难理解平面图。
拿真的娃娃来解说会更浅显易懂。

根据原型制作出幅片剪切线、公主线的方法。

①给娃娃穿上原型，确定平衡分块线或公主线的位置。

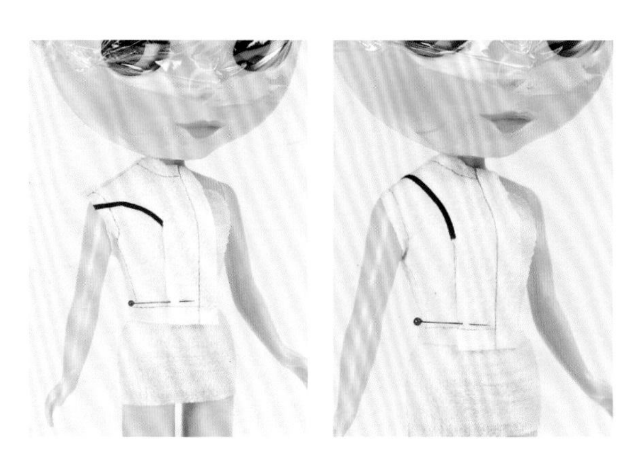

用黑胶带贴出拼接线或者用铅笔直接画出皆可。

②从娃娃身上剥下原型，在纸上描图。

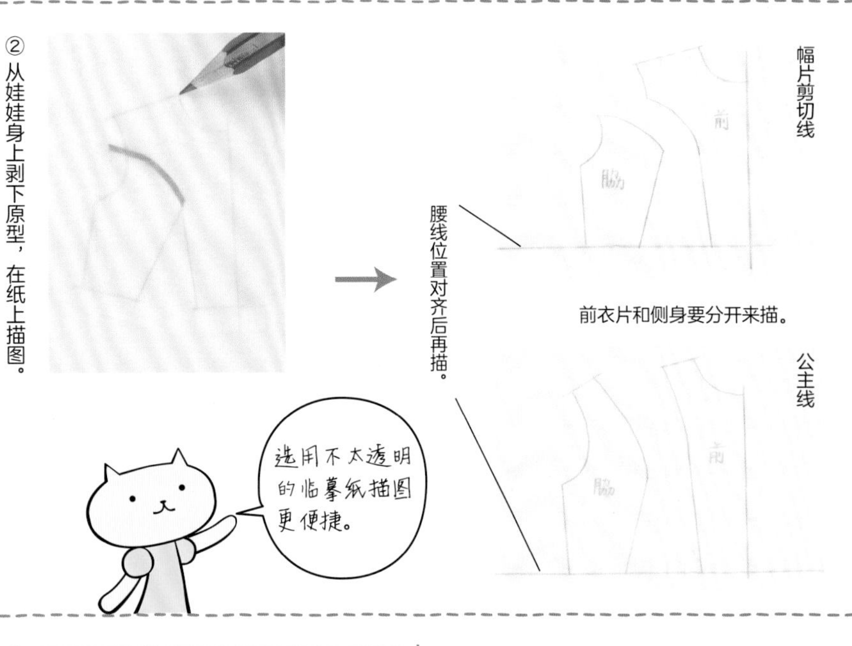

前衣片和侧身要分开来描。

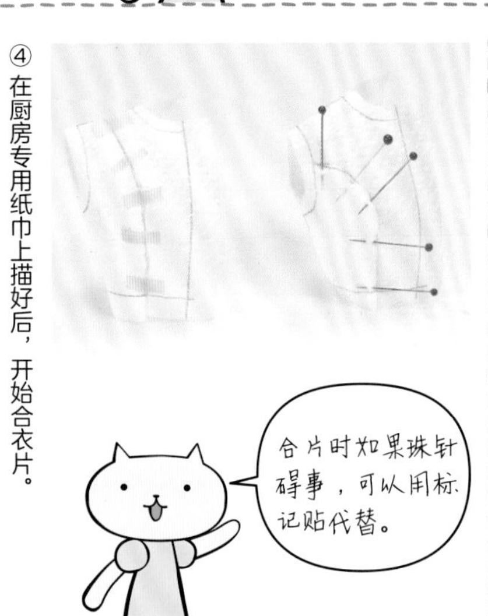

③侧身片如有角度，需要圆顺角度，改为曲线。

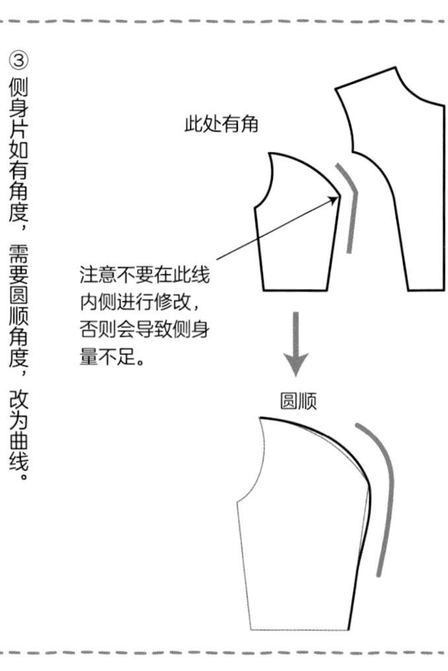

④在厨房专用纸巾上描好后，开始合衣片。

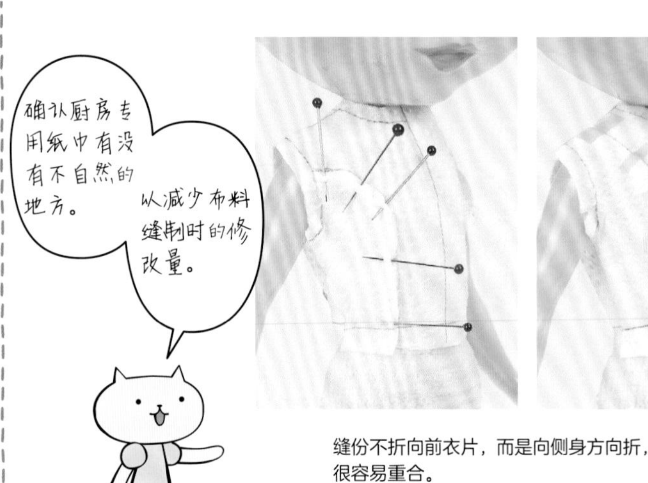

缝份不折向前衣片，而是向侧身方向折，很容易重合。

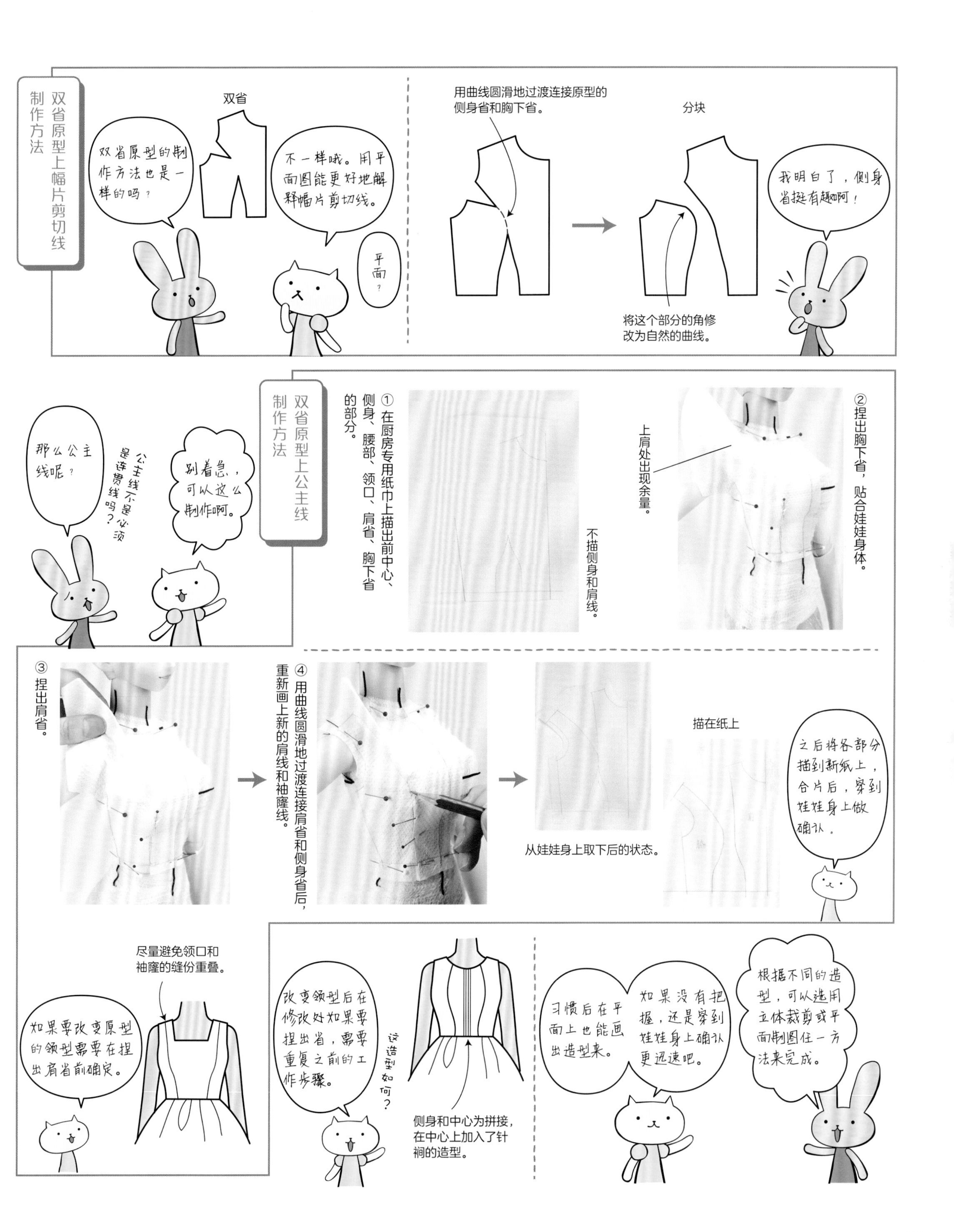
双省原型上幅片剪切线制作方法
双省
双省原型的制作方法也是一样的吗？
不一样哦。用平面图能更好地解释幅片剪切线。
平面？
用曲线圆滑地过渡连接原型的侧身省和胸下省。
分块
将这个部分的角修改为自然的曲线。
我明白了，侧身省挺有趣啊！
双省原型上公主线制作方法
那么公主线呢？
公主线不是必须是连贯线吗？
别着急，可以这么制作啊。
①在厨房专用纸巾上描出前中心、侧身、腰部、领口、肩省、胸下省的部分。
不描侧身和肩线。
②捏出胸下省，贴合娃娃身体。
上肩处出现余量。
③捏出肩省。
④用曲线圆滑地过渡连接肩省和侧身省后，重新画上新的肩线和袖窿线。
从娃娃身上取下后的状态。
描在纸上
之后将各部分描到新纸上，合片后，穿到娃娃身上做确认。
尽量避免领口和袖窿的缝份重叠。
如果要改变原型的领型需要在捏出肩省前确定。
改变领型后在修改处如果要捏出省，需要重复之前的工作步骤。
这造型如何？
侧身和中心为拼接，在中心上加入了针裥的造型。
习惯后在平面上也能画出造型来。
如果没有把握，还是穿到娃娃身上确认更迅速吧。
根据不同的造型，可以选用立体裁剪或平面制图任一方法来完成。

其实，双省道原型、幅片剪切线、公主线都有各自的优点。
是什么？
腰线是水平的没错吧？
利用这个特点，我们可以加大衣长。
侧身浮起
幅片剪切线
双省道
WL
将腰线对齐
WL
可以增加这个部分。
这样制作不行吗？
直接加长。
如果加长的部分比较短应该没什么问题，但是如果加长的部分过长就会出问题。
WL
知果只加这么点长度，那是没什么问题。
这种造型的上衣经常可以这么加。
你一说，我想起来了。萝莉装纸样中经常能看到这种式样。
我担心的是出现这样的问题。
制作了60cm长的衣服，结果最后功亏一篑。
布料纹路朝向（纵向纹路）
布料纹路不同会导致缝合时产生皱纹。
侧身片的纹路可能是斜的。
格子、条纹最容易在中心和侧身出现布料纹路错位。
暴露出裁剪的问题
前衣片和侧身分开，就多一片衣块。
虽然小娃衣不会有这样的问题。
但是如果将前衣片和侧身分块则可以节省布料。
学习了。
我怎么没注意到啊。

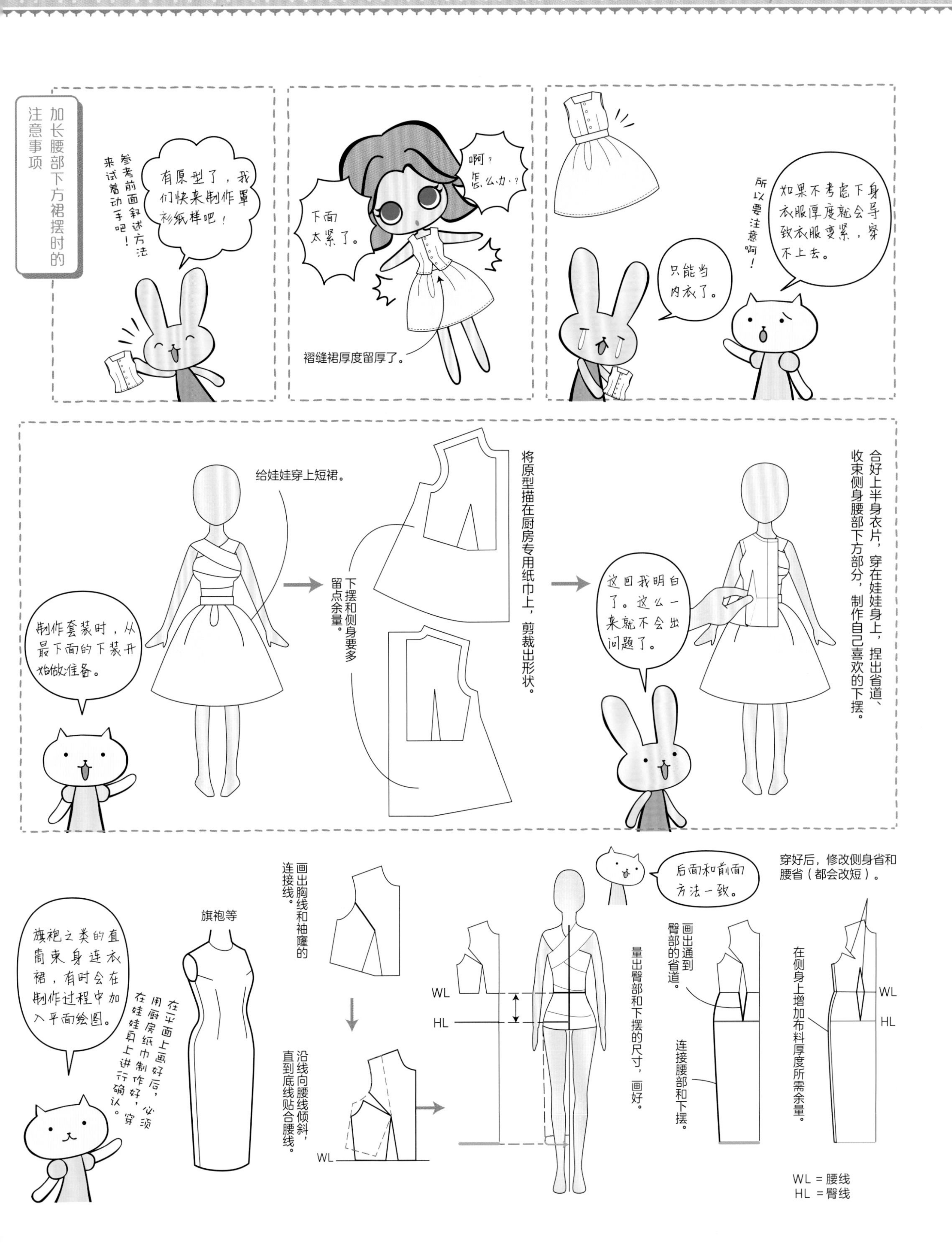
加长腰部下方裙摆时的注意事项
有原型了，我们快来制作罩衫纸样吧！
参考前面叙述方法来试着动手吧！
啊？怎么办？
下面太紧了。
褶缝裙厚度留厚了。
如果不考虑下身衣服厚度就会导致衣服变紧，穿不上去。
所以要注意啊！
只能当内衣了。
制作套装时，从最下面的下装开始做准备。
给娃娃穿上短裙。
下摆和侧身要多留点余量。
将原型描在厨房专用纸巾上，剪裁出形状。
这回我明白了。这么一来就不会出问题了。
合好上半身衣片，穿在娃娃身上，捏出省道、收束侧身腰部下方部分，制作自己喜欢的下摆。
旗袍之类的直筒束身连衣裙，有时会在制作过程中加入平面绘图。
在平面上画好后，用厨房纸巾制作好，必须穿在娃娃身上进行确认。
旗袍等
画出胸线和袖窿的连接线。
沿线向腰线倾斜，直到底线贴合腰线。
WL
后面和前面方法一致。
WL
HL
量出臀部和下摆的尺寸，画好。
画出通到臀部的省道。
连接腰部和下摆。
穿好后，修改侧身省和腰省（都会改短）。
在侧身上增加布料厚度所需余量。
WL
HL
WL = 腰线
HL = 臀线

第5章

衣袖制作

— SLEEVE —

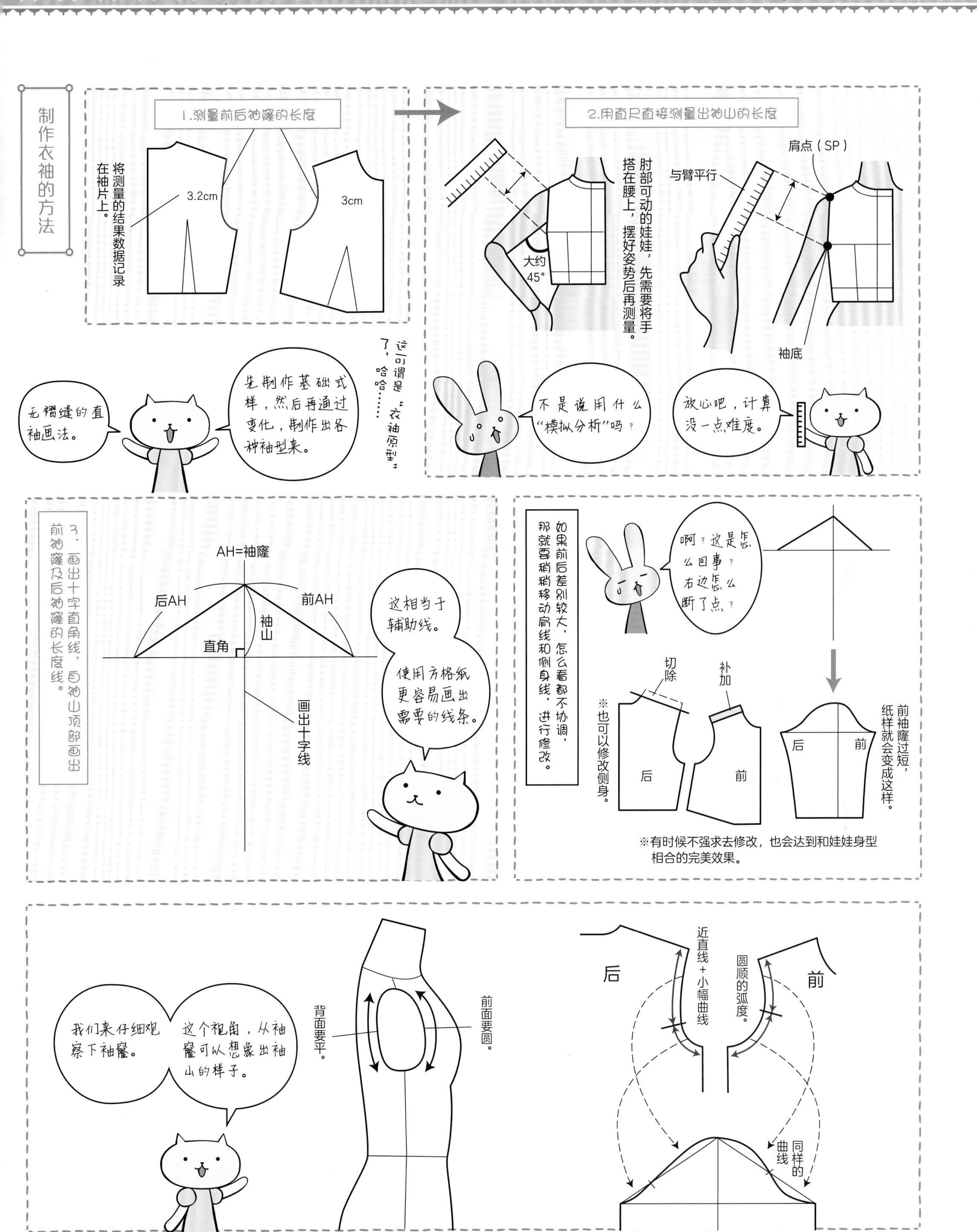

制作衣袖的方法
1.测量前后袖窿的长度
将测量的结果数据记录在袖片上。
3.2cm
3cm
2.用直尺直接测量出袖山的长度
肘部可动的娃娃，先需要将手搭在腰上，摆好姿势后再测量。
大约45°
肩点（SP）
与臂平行
袖底
无褶缝的直袖画法。
先制作基础式样，然后再通过变化，制作出各种袖型来。
这可谓是"衣袖原型"了，哈哈……
不是说用什么"模拟分析"吗？
放心吧，计算没一点难度。
3.画出十字直角线，自袖山顶部画出前袖窿及后袖窿的长度线。
AH=袖窿
后AH
前AH
袖山
直角
画出十字线
这相当于辅助线。
使用方格纸更容易画出需要的线条。
如果前后差别较大，怎么看都不协调，那就要稍稍移动肩线和侧身线，进行修改。
啊？这是怎么回事？右边怎么断了点？
切除
补加
后
前
※也可以修改侧身。
前袖窿过短，纸样就会变成这样。
※有时候不强求去修改，也会达到和娃娃身型相合的完美效果。
我们来仔细观察下袖窿。
这个视角，从袖窿可以想象出袖山的样子。
背面要平。
前面要圆。
近直线+小幅曲线
圆顺的弧度。
同样的曲线

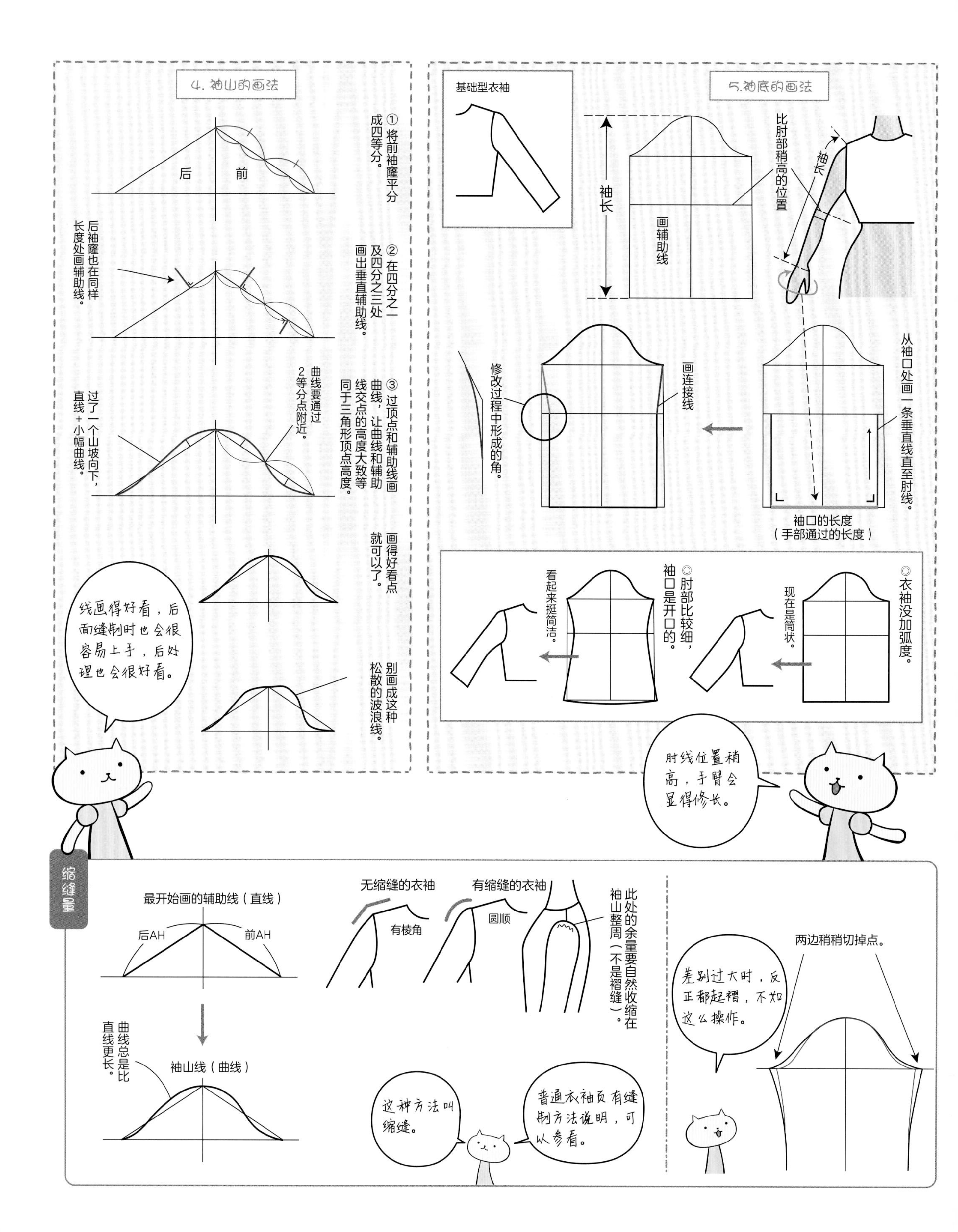
4. 袖山的画法
①将前袖窿平分成四等分。
后
前
②在四分之一及四分之三处画出垂直辅助线。
后袖窿也在同样长度处画辅助线。
③过顶点和辅助线画曲线，让曲线和辅助线交点的高度大致等同于三角形顶点高度。
曲线要通过2等分点附近。
过了一个山坡向下，直线+小幅曲线。
画得好看点就可以了。
别画成这种松散的波浪线。
线画得好看，后面缝制时也会很容易上手，后处理也会很好看。
基础型衣袖
5.袖底的画法
袖长
画辅助线
比肘部稍高的位置
袖长
修改过程中形成的角。
画连接线
从袖口处画一条垂直线直至肘线。
袖口的长度
（手部通过的长度）
◎肘部比较细，袖口是开口的。
看起来挺简洁。
◎衣袖没加弧度。
现在是筒状。
肘线位置稍高，手臂会显得修长。
缩缝量
最开始画的辅助线（直线）
后AH
前AH
曲线总是比直线更长。
袖山线（曲线）
无缩缝的衣袖
有棱角
有缩缝的衣袖
圆顺
此处的余量要自然收缩在袖山整周（不是褶缝）。
这种方法叫缩缝。
普通衣袖页有缝制方法说明，可以参看。
两边稍稍切掉点。
差别过大时，反正都起褶，不如这么操作。

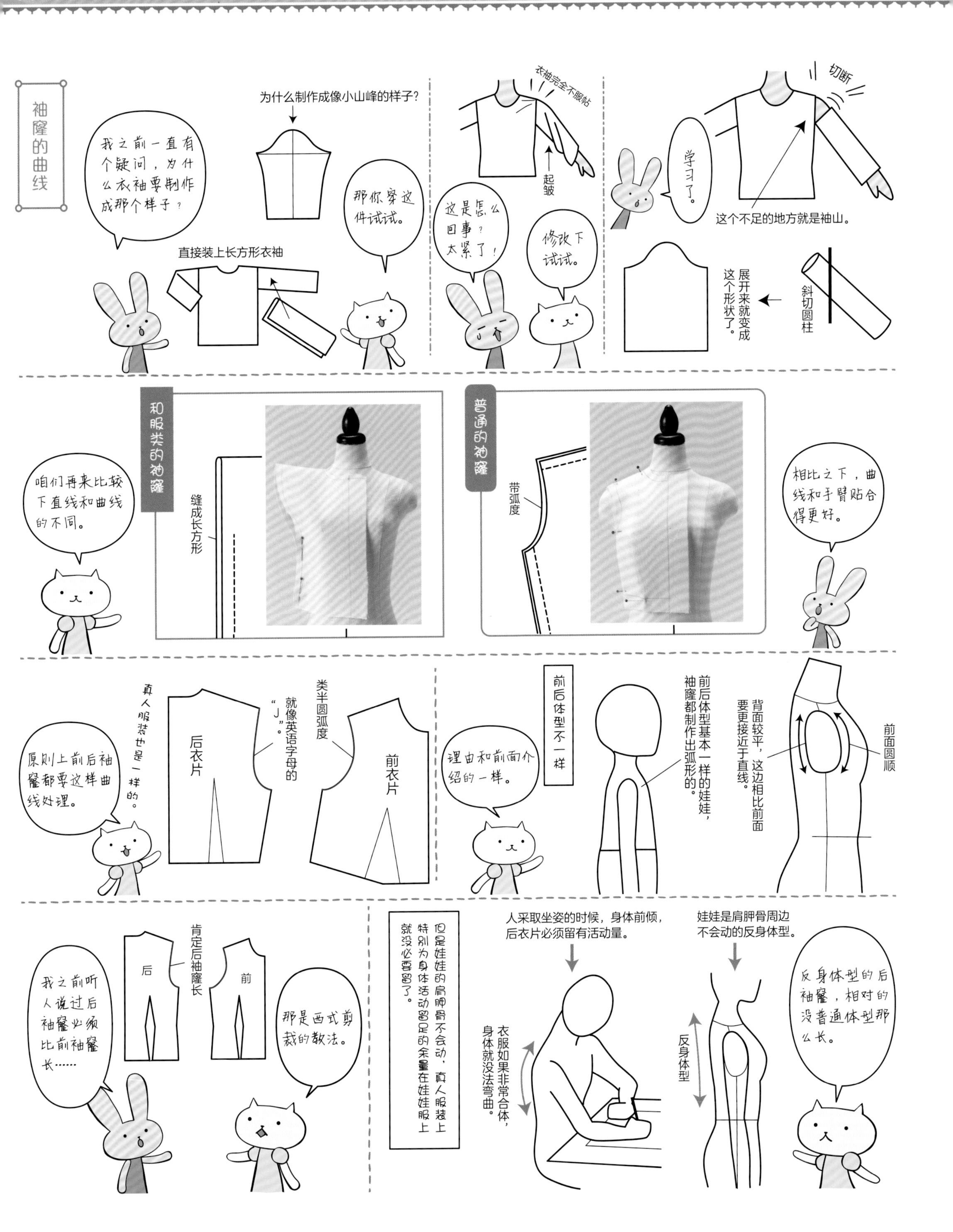

袖窿的曲线
我之前一直有个疑问，为什么衣袖要制作成那个样子？
为什么制作成像小山峰的样子？
直接装上长方形衣袖
那你穿这件试试。
衣袖完全不服帖
起皱
这是怎么回事？太紧了！
修改下试试。
切断
学习了。
这个不足的地方就是袖山。
展开来就变成这个形状了。
斜切圆柱
和服类的袖窿
咱们再来比较下直线和曲线的不同。
缝成长方形
普通的袖窿
带弧度
相比之下，曲线和手臂贴合得更好。
原则上前后袖窿都要这样曲线处理。
真人服装也是一样的。
后衣片
就像英语字母的“J”。
类半圆弧度
前衣片
理由和前面介绍的一样。
前后体型不一样
前后体型基本一样的娃娃，袖窿都制作出弧形的。
背面较平，这边相比前面要更接近于直线。
前面圆顺
我之前听人说过后袖窿必须比前袖窿长……
后
肯定后袖窿长
前
那是西式剪裁的做法。
但是娃娃的肩胛骨不会动，真人服装上特别为身体活动留足的余量在娃娃服上就没必要留了。
人采取坐姿的时候，身体前倾，后衣片必须留有活动量。
衣服如果非常合体，身体就没法弯曲。
娃娃是肩胛骨周边不会动的反身体型。
反身体型
反身体型的后袖窿，相对的没普通体型那么长。

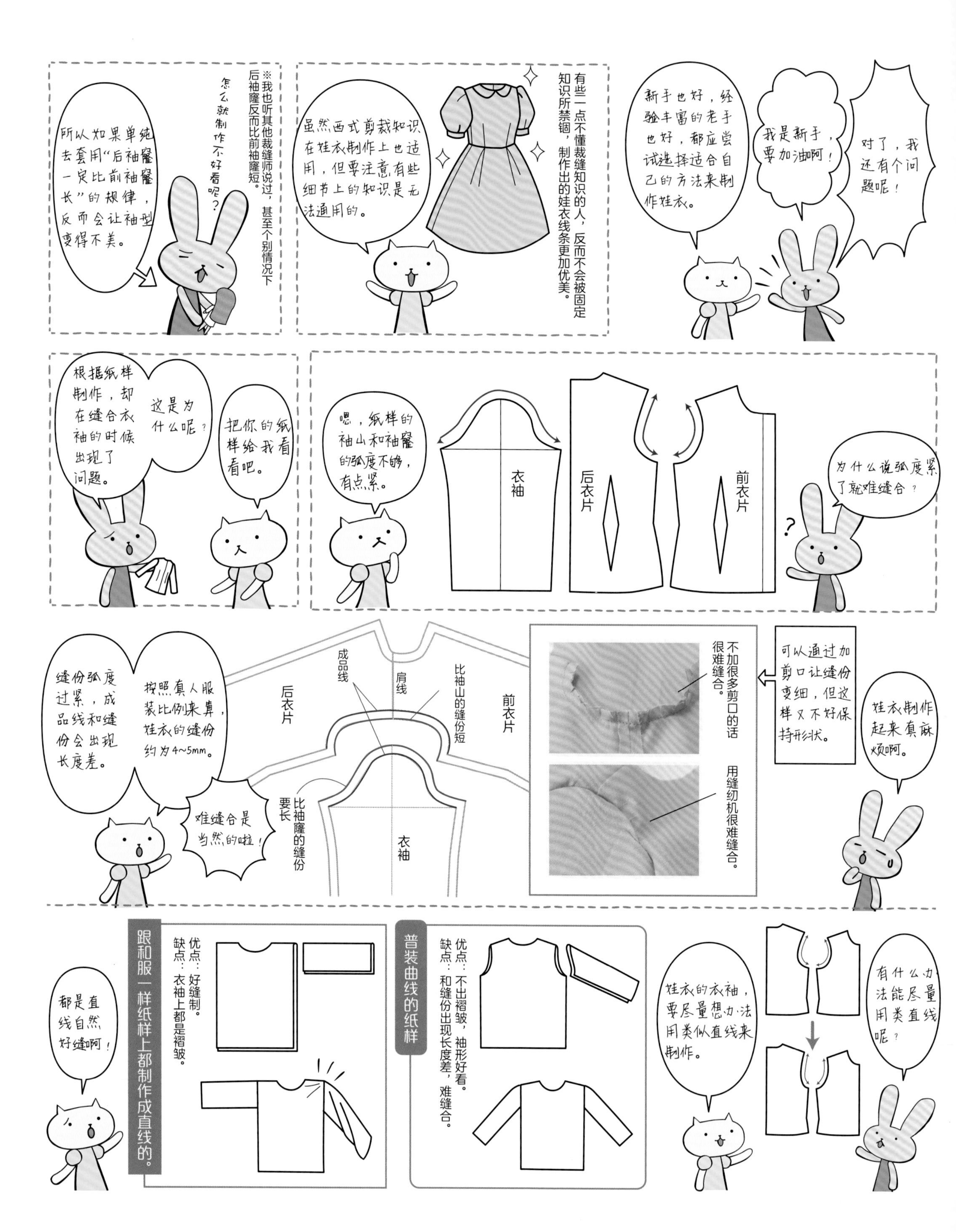
对了，我还有个问题呢！
我是新手，要加油啊！
新手也好，经验丰富的老手也好，都应尝试选择适合自己的方法来制作娃衣。
有些一点不懂裁缝知识的人，反而不会被固定知识所禁锢，制作出的娃衣线条更加优美。
虽然西式剪裁知识在娃衣制作上也适用，但要注意有些细节上的知识是无法通用的。
※我也听其他裁缝师说过，甚至个别情况下后袖窿反而比前袖窿短。
怎么就制作不好看呢？
所以如果单纯去套用"后袖窿一定比前袖窿长"的规律，反而会让袖型变得不美。
根据纸样制作，却在缝合衣袖的时候出现了问题。
这是为什么呢？
把你的纸样给我看看吧。
嗯，纸样的袖山和袖窿的弧度不够，有点紧。
衣袖
后衣片
前衣片
为什么说弧度紧了就难缝合？
缝份弧度过紧，成品线和缝份会出现长度差。
按照真人服装比例来算，娃衣的缝份约为4~5mm。
难缝合是当然的啦！
成品线
肩线
比袖山的缝份短
后衣片
前衣片
比袖窿的缝份要长
衣袖
不加很多剪口的话很难缝合。
用缝纫机很难缝合。
可以通过加剪口让缝份变细，但这样又不好保持形状。
娃衣制作起来真麻烦啊。
都是直线自然好缝啊！
跟和服一样纸样上都制作成直线的。
优点：好缝制。
缺点：衣袖上都是褶皱。
普装曲线的纸样
优点：不出褶皱，袖形好看。
缺点：和缝份出现长度差，难缝合。
娃衣的衣袖，要尽量想办法用类似直线来制作。
有什么办法能尽量用类直线呢？

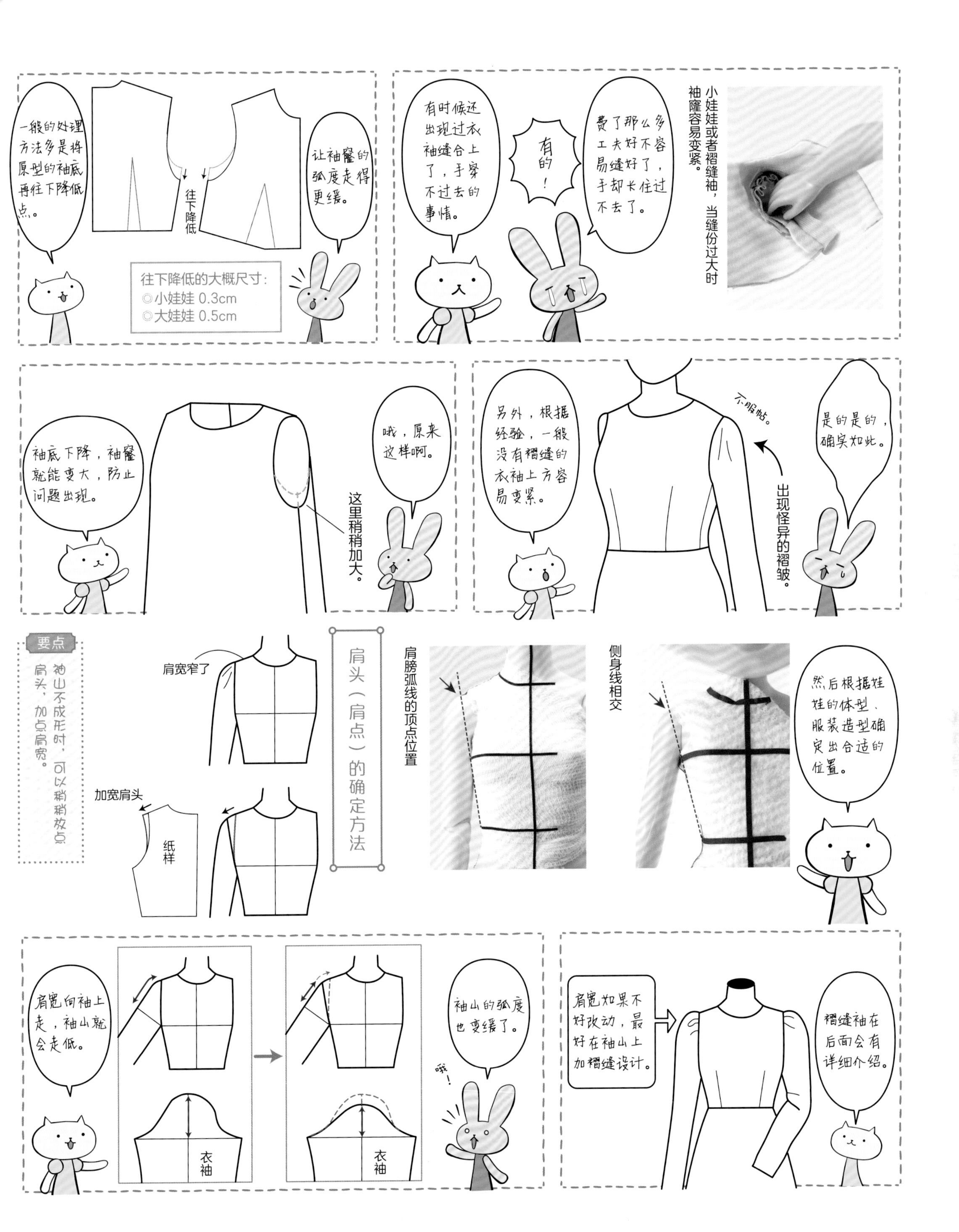
一般的处理方法多是将原型的袖底再往下降低点。
往下降低
往下降低的大概尺寸：
◎小娃娃 0.3cm
◎大娃娃 0.5cm
让袖窿的弧度走得更缓。
有时候还出现过衣袖缝合上了，手穿不过去的事情。
有的！
费了那么多工夫好不容易缝好了，手却卡住过不去了。
小娃娃或者褶缝袖，当缝份过大时袖窿容易变紧。
袖底下降，袖窿就能变大，防止问题出现。
这里稍稍加大。
哦，原来这样啊。
另外，根据经验，一般没有褶缝的衣袖上方容易变紧。
不服帖。
出现怪异的褶皱。
是的是的，确实如此。
要点
袖山不成形时，可以稍稍放点肩头，加点肩宽。
肩宽窄了
加宽肩头
纸样
肩头（肩点）的确定方法
肩膀弧线的顶点位置
侧身线相交
然后根据娃娃的体型、服装造型确定出合适的位置。
肩宽向袖上走，袖山就会走低。
衣袖
衣袖
袖山的弧度也变缓了。
哦！
肩宽如果不好改动，最好在袖山上加褶缝设计。
褶缝袖在后面会有详细介绍。

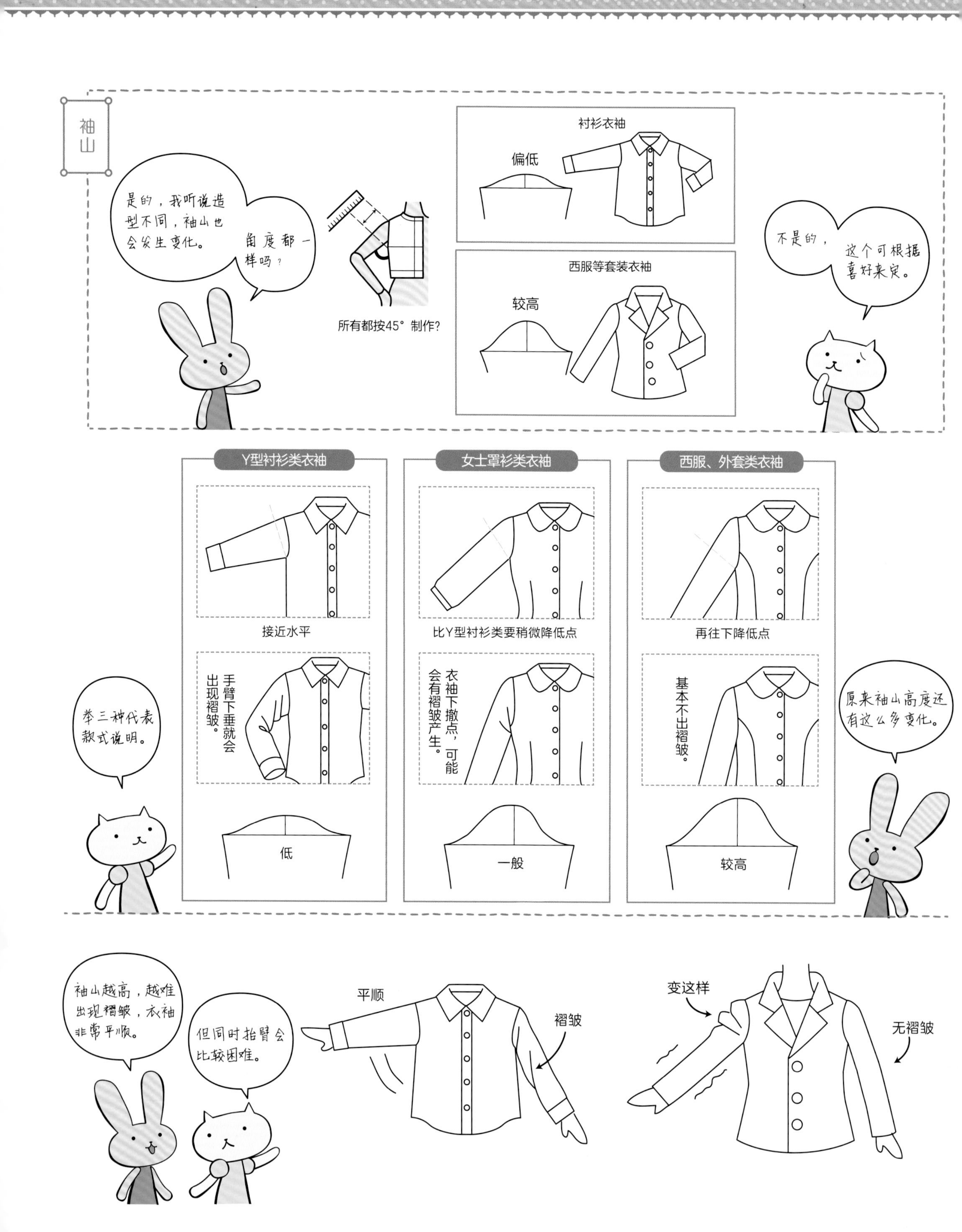
袖山
是的，我听说造型不同，袖山也会发生变化。
角度都一样吗？
所有都按45°制作？
衬衫衣袖
偏低
西服等套装衣袖
较高
不是的，这个可根据喜好来定。
Y型衬衫类衣袖
女士罩衫类衣袖
西服、外套类衣袖
接近水平
比Y型衬衫类要稍微降低点
再往下降低点
举三种代表款式说明。
手臂下垂就会出现褶皱。
衣袖下撤点，可能会有褶皱产生。
基本不出褶皱。
原来袖山高度还有这么多变化。
低
一般
较高
袖山越高，越难出现褶皱，衣袖非常平顺。
但同时抬臂会比较困难。
平顺
褶皱
变这样
无褶皱

你为什么想起来要做娃衣啊？
嗯？
怎么突然问我这个问题？
哈，因为我想给我的娃娃穿上更漂亮的衣服啊。
每次给娃娃装饰或者拍照时都是老套路。
我就突发奇想，如果不给她们穿迷你版真人服装，
而是为她们量身制作穿起来美美的服装，不是更好吗？
让我的娃娃们美美的是头等大事！
不能直接套用真人服装，而要像左图稍加修改。
这是真人的衬衫
手臂下垂，产生褶皱。
娃娃衬衫衣袖要稍微降低点。
没褶皱
不要总想着要做得完全一样。
更为重要的是按照个人爱好去做。
多尝试，成功是建立在不断尝试的错误之上的。

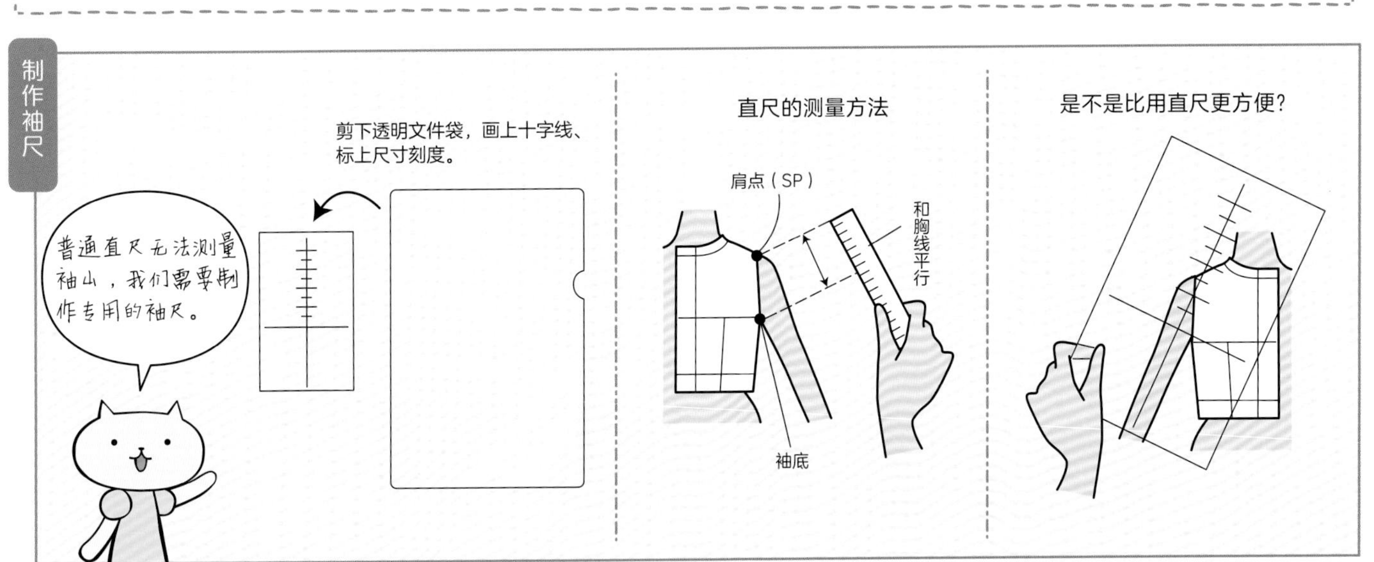
制作袖尺
普通直尺无法测量袖山，我们需要制作专用的袖尺。
剪下透明文件袋，画上十字线、标上尺寸刻度。
直尺的测量方法
肩点（SP）
和胸线平行
袖底
是不是比用直尺更方便?

无袖
无袖衣服有什么需要注意的啊？
确实需要注意几点。
和有袖确实不同，袖窿小一点会显得更加干练。
袖窿过大，则会……
露出腋下肌肤
袖窿小
看起来很干练
无袖衣服可以直接使用原型的袖窿，无需做修改。
注意确认原型袖窿必须能通过手部。
注意确认原型袖窿必须能通过手部。
用来销售的娃衣一定要确认娃娃姿势，确定手部能穿过袖窿。
手卡住了，穿不过去。
袖窿太小，衣服穿不上了。
有的衣服特意加大了袖窿。
男士背心
各种马甲
还要注意肩宽！
小娃娃的衣服通常这么制作。
玻璃纱那种过薄的布料，需要加衬里。
衣片（衬里）
切除多余的部分
缝合后开衩和领口、袖窿。
肩宽过窄就很难翻回表面。
我完全没考虑到这些。
这种制作方法下，肩宽最少需要5mm。
这是反复失败后才得出的尺寸。
接下来要介绍的内容，纯粹和个人喜好相关。
如果不想看到娃娃关节，可以在制作原型的时候，在需要遮挡的位置画上袖窿。
关节被遮挡位置
要想遮挡更多，就选法式衣袖。
要点
带衬里时的注意点
衬里的缝份向内折会拉拽布料，导致尺寸变小。
缝合后需要翻回表面，袖窿多在里面，所以要事先在外侧描上线。

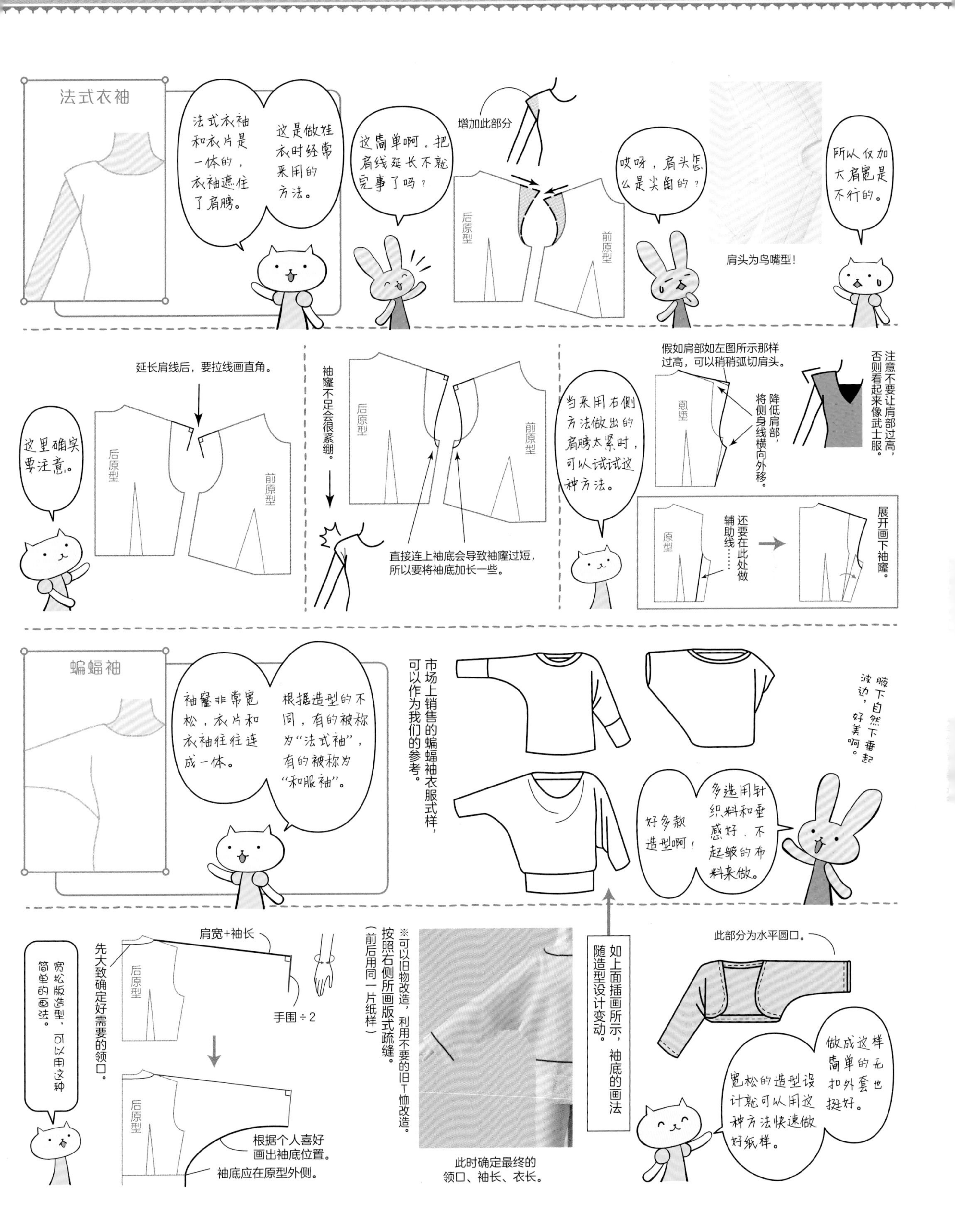

法式衣袖
法式衣袖和衣片是一体的，衣袖遮住了肩膀。
这是做娃衣时经常采用的方法。
这简单啊。把肩线延长不就完事了吗？
增加此部分
后原型
前原型
哎呀，肩头怎么是尖角的？
肩头为鸟嘴型！
所以仅加大肩宽是不行的。
延长肩线后，要拉线画直角。
这里确实要注意。
后原型
前原型
袖窿不足会很紧绷。
后原型
前原型
直接连上袖底会导致袖窿过短，所以要将袖底加长一些。
当采用右侧方法做出的肩膀太紧时，可以试试这种方法。
假如肩部如左图所示那样过高，可以稍稍弧切肩头。
原型
降低肩部，将侧身线横向外移。
注意不要让肩部过高，否则看起来像武士服。
原型
还要在此处做辅助线……
展开画下袖窿。
蝙蝠袖
袖窿非常宽松，衣片和衣袖往往连成一体。
根据造型的不同，有的被称为“法式袖”，有的被称为“和服袖”。
市场上销售的蝙蝠袖衣服式样，可以作为我们的参考。
腋下自然下垂起波边，好美啊。
好多款造型啊！
多选用针织料和垂感好、不起皱的布料来做。
宽松版造型，可以用这种简单的画法。
先大致确定好需要的领口。
肩宽+袖长
后原型
手围÷2
后原型
根据个人喜好画出袖底位置。
袖底应在原型外侧。
※可以旧物改造，利用不要的旧T恤改造。按照右侧所画版式疏缝。（前后用同一片纸样）
此时确定最终的领口、袖长、衣长。
如上面插画所示，袖底的画法随造型设计变动。
此部分为水平圆口。
做成这样简单的无扣外套也挺好。
宽松的造型设计就可以用这种方法快速做好纸样。

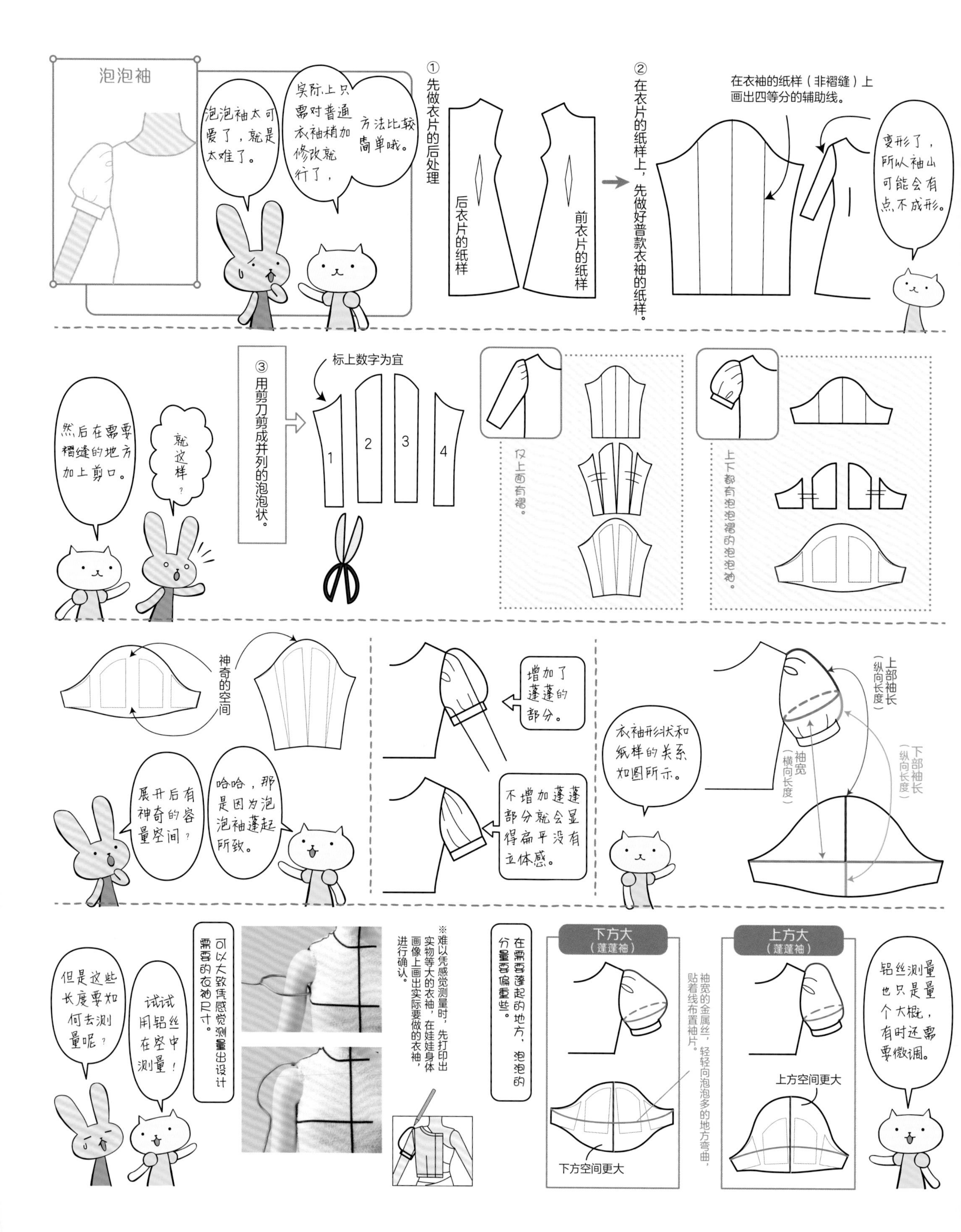

泡泡袖
泡泡袖太可爱了，就是太难了。
实际上只需对普通衣袖稍加修改就行了，
方法比较简单哦。
①先做衣片的后处理
后衣片的纸样
前衣片的纸样
②在衣片的纸样上，先做好普款衣袖的纸样。
在衣袖的纸样（非褶缝）上画出四等分的辅助线。
变形了，所以袖山可能会有点不成形。
然后在需要褶缝的地方加上剪口。
就这样？
③用剪刀剪成并列的泡泡状。
标上数字为宜
1
2
3
4
仅上面有褶。
上下都有泡泡褶的泡泡袖。
神奇的空间
展开后有神奇的容量空间？
哈哈，那是因为泡泡袖蓬起所致。
增加了蓬蓬的部分。
不增加蓬蓬部分就会显得扁平没有立体感。
衣袖形状和纸样的关系如图所示。
上部袖长（纵向长度）
袖宽（横向长度）
下部袖长（纵向长度）
但是这些长度要如何去测量呢？
试试用铝丝在空中测量！
可以大致凭感觉测量出设计需要的衣袖尺寸。
※难以凭感觉测量时，先打印出实物等大的衣袖，在娃娃身体画像上画出实际要做的衣袖，进行确认。
在需要蓬起的地方，泡泡的分量要偏重些。
下方大（蓬蓬袖）
袖宽的金属丝，轻轻向泡泡多的地方弯曲，贴着线布置袖片。
下方空间更大
上方大（蓬蓬袖）
上方空间更大
铝丝测量也只是量个大概，有时还需要微调。

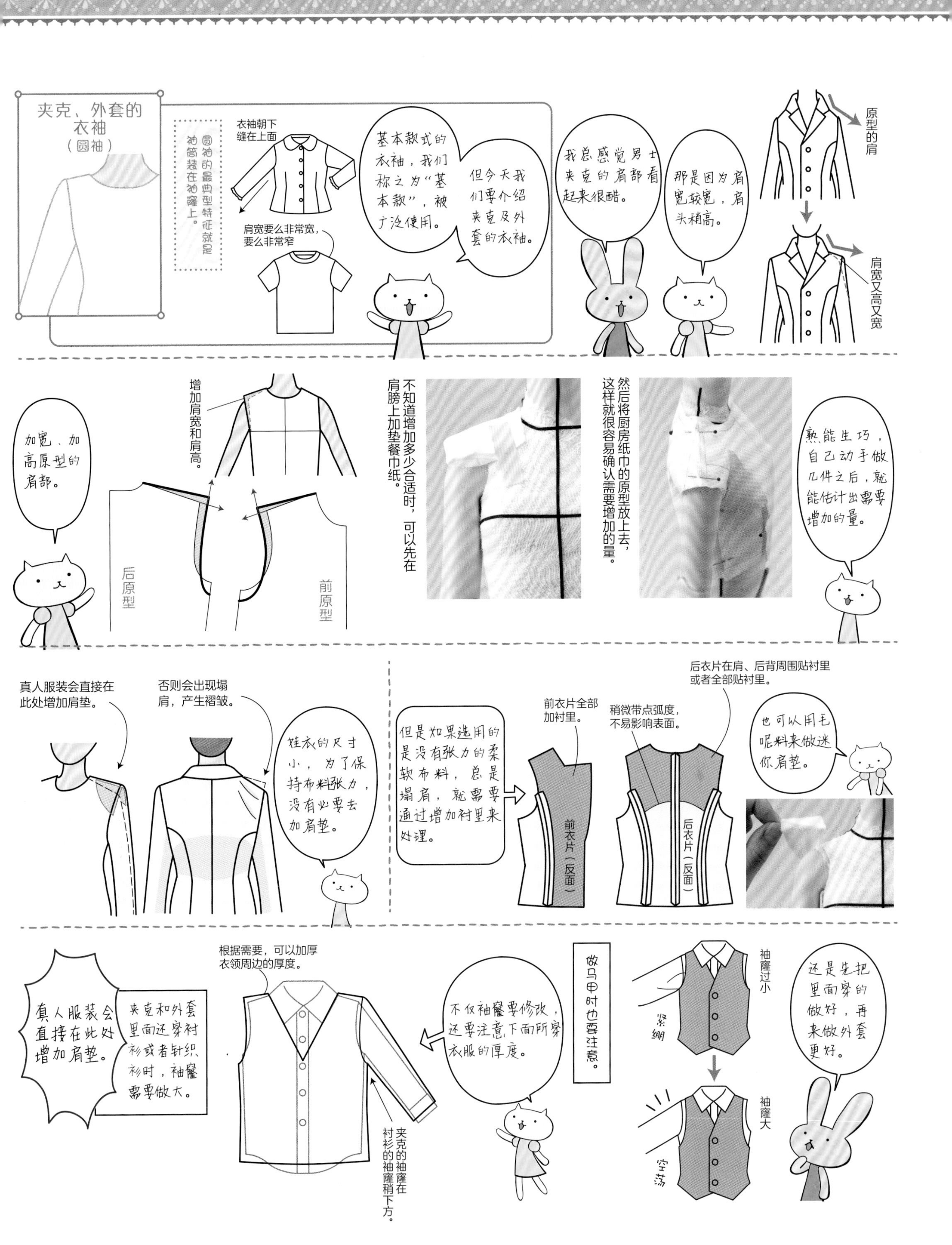
夹克、外套的衣袖（圆袖）
圆袖的最典型特征就是袖筒装在袖窿上。
衣袖朝下缝在上面
肩宽要么非常宽，要么非常窄
基本款式的衣袖，我们称之为“基本款”，被广泛使用。
但今天我们要介绍夹克及外套的衣袖。
我总感觉男士夹克的肩部看起来很酷。
那是因为肩宽较宽，肩头稍高。
原型的肩
肩宽又高又宽
加宽、加高原型的肩部。
增加肩宽和肩高。
后原型
前原型
不知道增加多少合适时，可以先在肩膀上加垫餐巾纸。
然后将厨房纸巾的原型放上去，这样就很容易确认需要增加的量。
熟能生巧，自己动手做几件之后，就能估计出需要增加的量。
真人服装会直接在此处增加肩垫。
否则会出现塌肩，产生褶皱。
娃衣的尺寸小，为了保持布料张力，没有必要去加肩垫。
但是如果选用的是没有张力的柔软布料，总是塌肩，就需要通过增加衬里来处理。
前衣片全部加衬里。
稍微带点弧度，不易影响表面。
后衣片在肩、后背周围贴衬里或者全部贴衬里。
前衣片（反面）
后衣片（反面）
也可以用毛呢料来做迷你肩垫。
真人服装会直接在此处增加肩垫。
夹克和外套里面还穿衬衫或者针织衫时，袖窿需要做大。
根据需要，可以加厚衣领周边的厚度。
夹克的袖窿在衬衫的袖窿稍下方。
不仅袖窿要修改，还要注意下面所穿衣服的厚度。
做马甲时也要注意。
袖窿过小
紧绷
袖窿大
空荡
还是先把里面穿的做好，再来做外套更好。

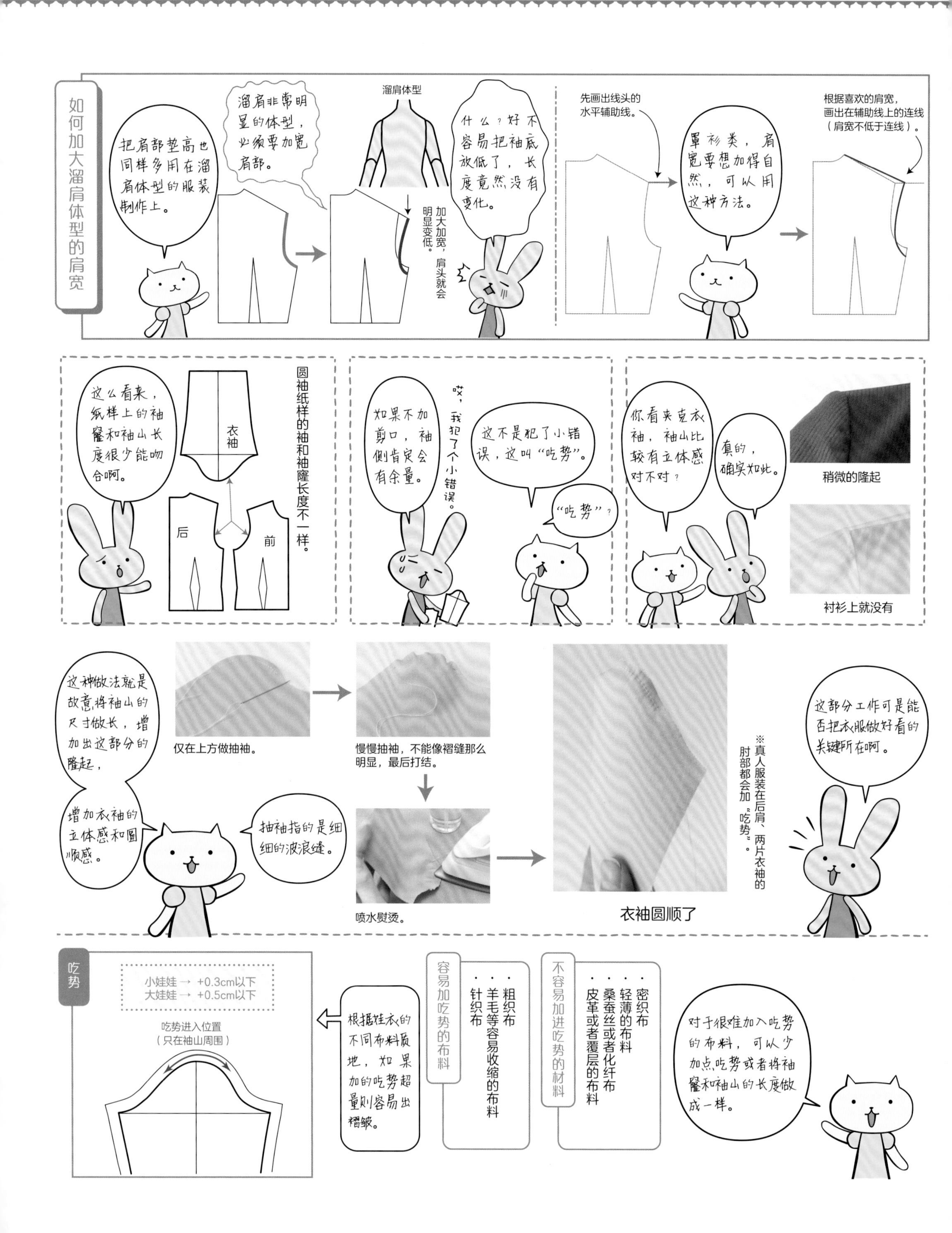
如何加大溜肩体型的肩宽
把肩部垫高也同样多用在溜肩体型的服装制作上。
溜肩非常明显的体型，必须要加宽肩部。
溜肩体型
加大加宽，肩头就会明显变低。
什么？好不容易把袖底放低了，长度竟然没有变化。
先画出线头的水平辅助线。
罩衫类，肩宽要想加得自然，可以用这种方法。
根据喜欢的肩宽，画出在辅助线上的连线（肩宽不低于连线）。
这么看来，纸样上的袖窿和袖山长度很少能吻合啊。
衣袖
后
前
圆袖纸样的袖和袖窿长度不一样。
如果不加剪口，袖侧肯定会有余量。
哎，我犯了个小错误。
这不是犯了小错误，这叫“吃势”。
“吃势”？
你看夹克衣袖，袖山比较有立体感对不对？
真的，确实如此。
稍微的隆起
衬衫上就没有
这种做法就是故意将袖山的尺寸做长，增加出这部分的隆起，
增加衣袖的立体感和圆顺感。
抽袖指的是细细的波浪缝。
仅在上方做抽袖。
慢慢抽袖，不能像褶缝那么明显，最后打结。
喷水熨烫。
衣袖圆顺了
※真人服装在后肩、两片衣袖的肘部都会加“吃势”。
这部分工作可是能否把衣服做好看的关键所在啊。
吃势
小娃娃→ +0.3cm以下
大娃娃→ +0.5cm以下
吃势进入位置（只在袖山周围）
根据娃衣的不同布料质地，如果加的吃势超量则容易出褶皱。
容易加吃势的布料
・粗织布
・羊毛等容易收缩的布料
・针织布
不容易加进吃势的材料
・密织布
・轻薄的布料
・桑蚕丝或者化纤布
・皮革或者覆层的布料
对于很难加入吃势的布料，可以少加点吃势或者将袖窿和袖山的长度做成一样。

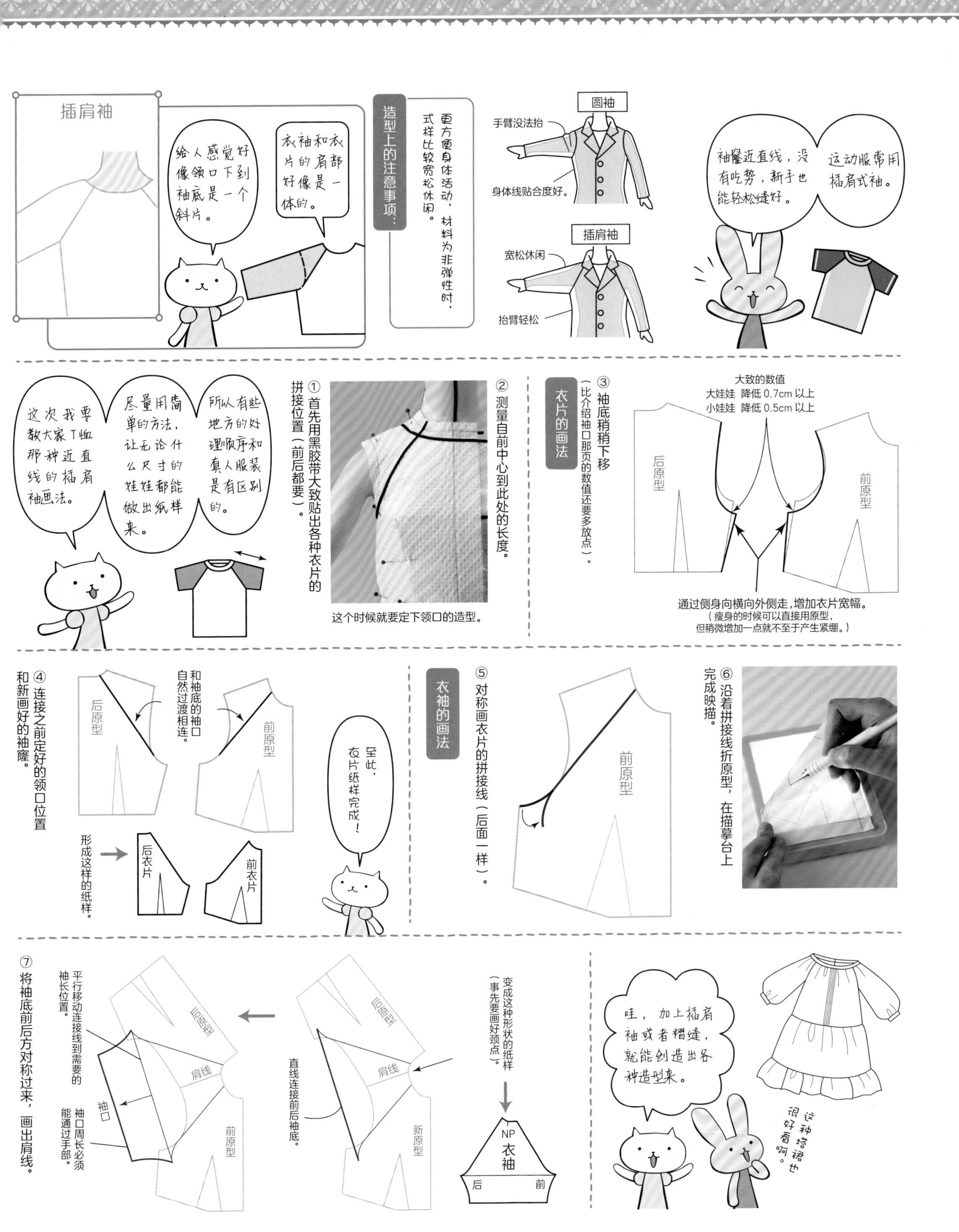
插肩袖
给人感觉好像领口下到袖底是一个斜片。
衣袖和衣片的肩部好像是一体的。
造型上的注意事项：
更方便身体活动，材料为非弹性时，式样比较宽松休闲。
圆袖
手臂没法抬
身体线贴合度好。
插肩袖
宽松休闲
抬臂轻松
袖窿近直线，没有吃势，新手也能轻松缝好。
运动服常用插肩式袖。
这次我要教大家T恤那种近直线的插肩袖画法。
尽量用简单的方法，让无论什么尺寸的娃娃都能做出纸样来。
所以有些地方的处理顺序和真人服装是有区别的。
① 首先用黑胶带大致贴出各种衣片的拼接位置（前后都要）。
② 测量自前中心到此处的长度。
这个时候就要定下领口的造型。
衣片的画法
③ 袖底稍稍下移（比介绍袖口那页的数值还要多放点）。
大致的数值
大娃娃 降低0.7cm以上
小娃娃 降低0.5cm以上
后原型
前原型
通过侧身向横向外侧走，增加衣片宽幅。
（瘦身的时候可以直接用原型，但稍微增加一点就不至于产生紧绷。）
④ 连接之前定好的领口位置和新画好的袖窿。
和袖底的袖口自然过渡相连。
后原型
前原型
形成这样的纸样。
后衣片
前衣片
衣袖的画法
至此，衣片纸样完成！
⑤ 对称画衣片的拼接线（后面一样）。
前原型
⑥ 沿着拼接线折原型，在描摹台上完成映描。
⑦ 将袖底前后方对称过来，画出肩线。
平行移动连接线到需要的袖长位置。
后原型
肩线
袖口
袖口周长必须能通过手部。
前原型
直线连接前后袖底。
后原型
肩线
新原型
变成这种形状的纸样（事先要画好颈点）。
NP
衣袖
后
前
哇，加上插肩袖或者褶缝，就能创造出各种造型来。
这种搭裙也很好看啊。

增加了不同种类衣袖的原型侧身、肩部的纸样模板。具体的长度和开口尺寸等虽然不同，但可供制作衣袖时参考。

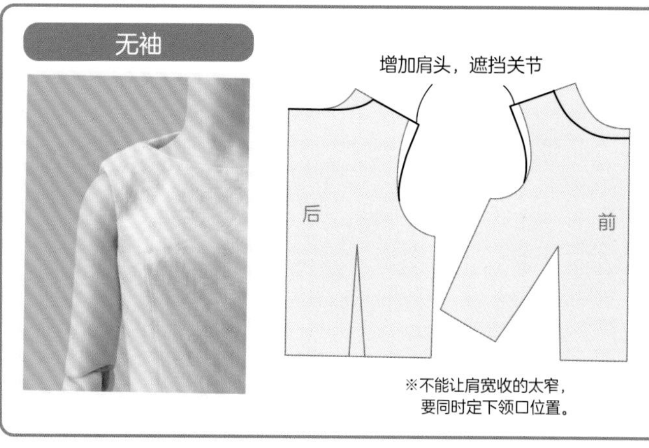

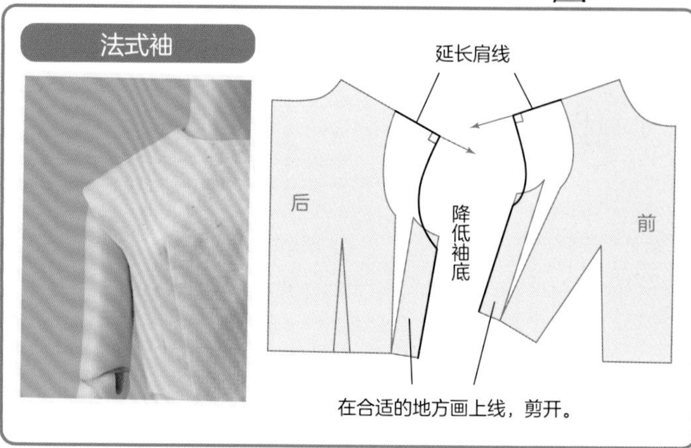

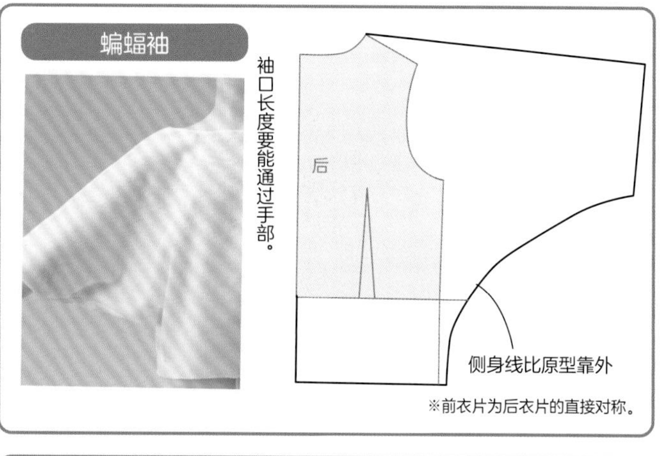

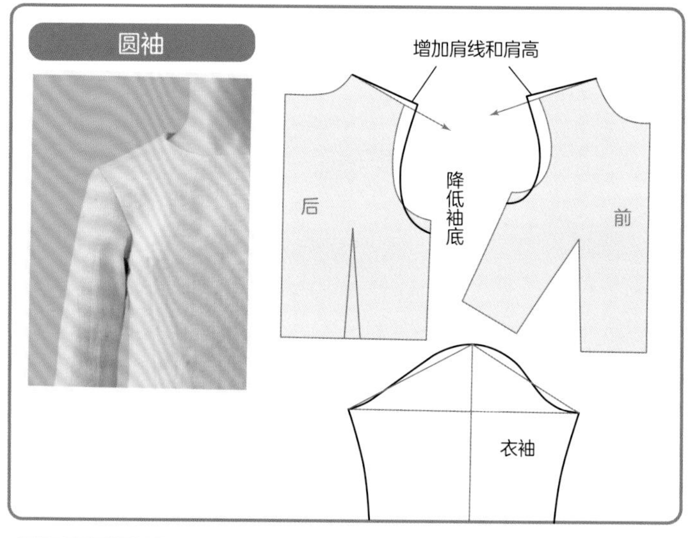

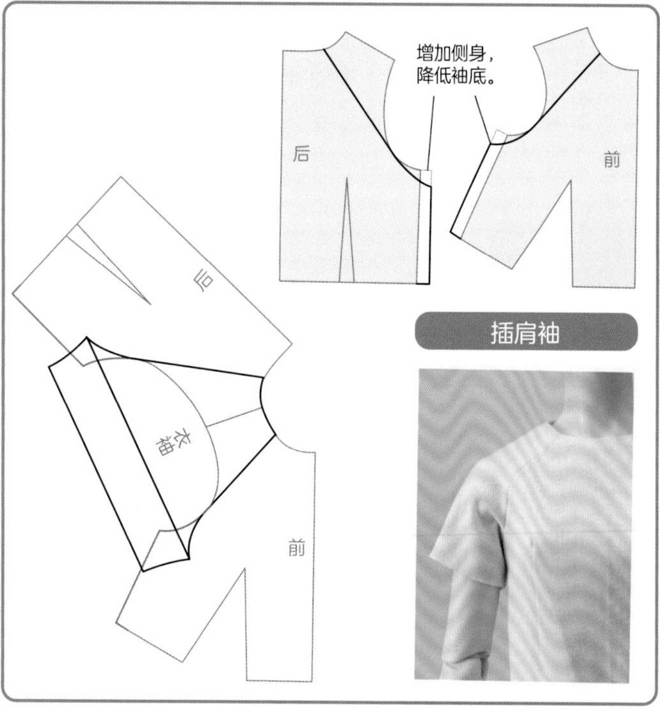

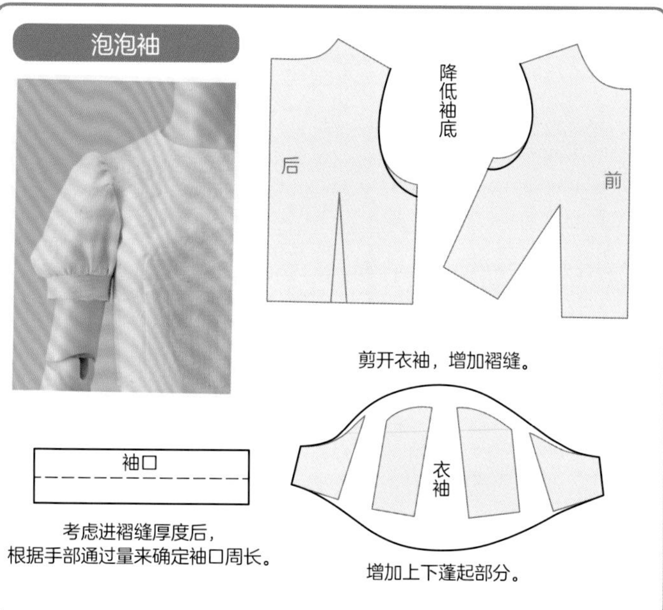

第6章

衣领制作

— COLLAR —

领口
怎么领口前面那么宽啊？
是为了容易区分前后吗？
后
前
不仅仅是区分前后那么简单哦。
前后反着穿试试，你就明白其中的奥秘了。
说干就干！反着穿试试。
哎呀呀，感觉被捆绑住了。
我们日常工作生活中，一般脖子多会前倾，后仰的机会比较少。
所以，前领口比后领口要更靠下一些。
这样的动作偏多。
如果我们把领口上提点……
正常
偏上
哎呀，感觉好辛苦的样子。
所以前面要开得那么低。
小知识：领口偏上称为"领口浅"，领口偏下称为"领口深"。
领口比较浅
领口比较深
大家记下来吧，这是缝纫专业术语。
可以试着把后领口也做成前领口一样的深度……
后领口也挖深
无法定型了
松松垮垮
肩膀也挂不住，掉下来了？
特别是些柔软的布料，更需要注意。
即使领口开得比较深，只要后领口的位置较高，肩部也难掉下来。
后领口非常有力地撑起了整个衣服。
后领口位置
后原型
前原型
领口浅
领口深
拉链式也可以。
造型需要前后领口都必须开得很深的时候，可以通过加这样的部分来维持稳定。
又学习了。

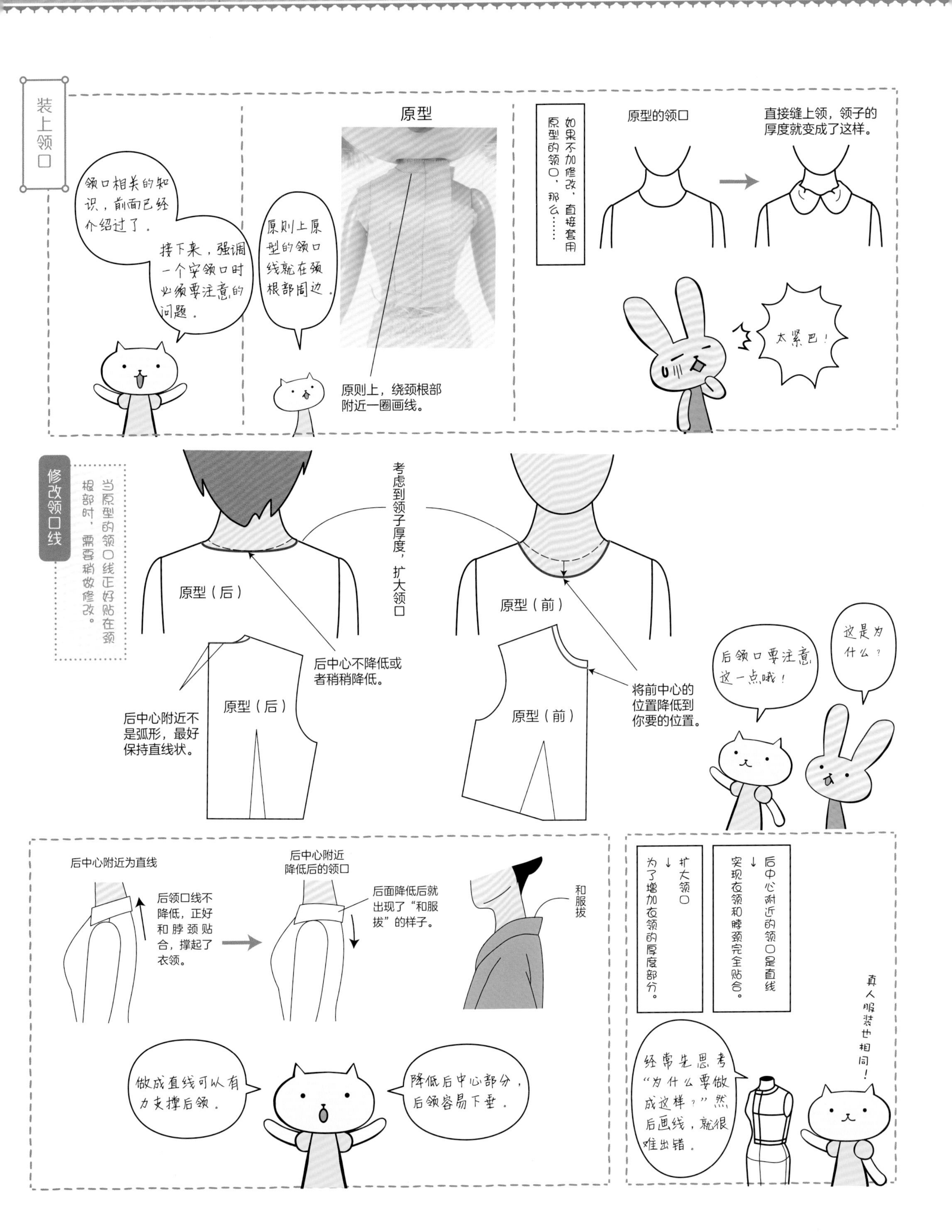
装上领口
领口相关的知识，前面已经介绍过了。
接下来，强调一个安领口时必须要注意的问题。
原型
原则上原型的领口线就在颈根部周边。
原则上，绕颈根部附近一圈画线。
如果不加修改，直接套用原型的领口，那么……
原型的领口
直接缝上领，领子的厚度就变成了这样。
太紧巴！
修改领口线
当原型的领口线正好贴在颈根部时，需要稍做修改。
考虑到领子厚度，扩大领口
原型（后）
原型（前）
后中心不降低或者稍稍降低。
后中心附近不是弧形，最好保持直线状。
原型（后）
原型（前）
将前中心的位置降低到你要的位置。
后领口要注意这一点哦！
这是为什么？
后中心附近为直线
后领口线不降低，正好和脖颈贴合，撑起了衣领。
后中心附近降低后的领口
后面降低后就出现了"和服拔"的样子。
和服拔
后中心附近的领口是直线
↓
实现衣领和脖颈完全贴合。
扩大领口
↓
为了增加衣领的厚度部分。
做成直线可以有力支撑后领。
降低后中心部分，后领容易下垂。
经常先思考"为什么要做成这样？"然后画线，就很难出错。
真人服装也相同！

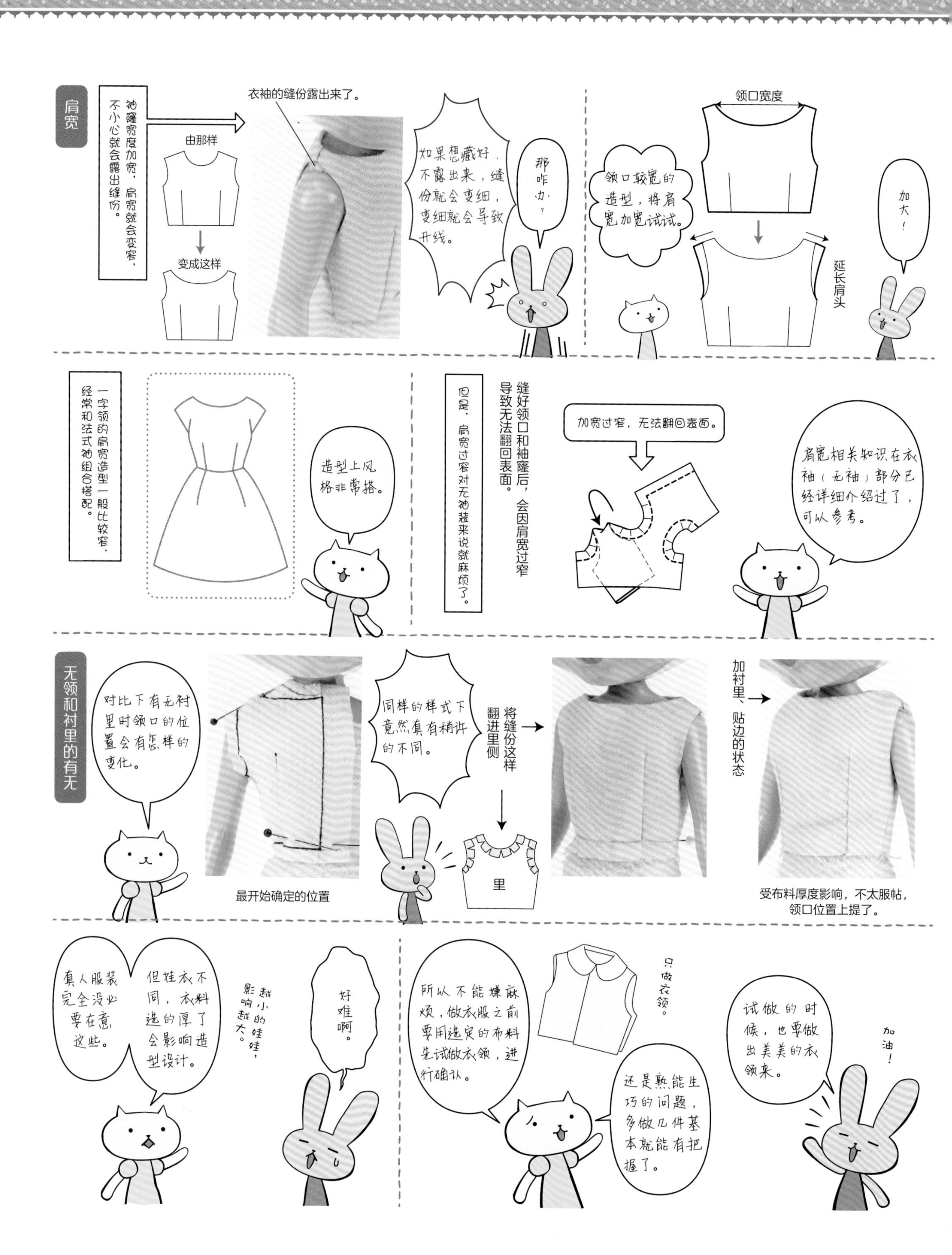
肩宽
袖窿宽度加宽，肩宽就会变窄，不小心就会露出缝份。
由那样
变成这样
衣袖的缝份露出来了。
如果想藏好，不露出来，缝份就会变细，变细就会导致开线。
那咋办？
领口宽度
领口较宽的造型，将肩宽加宽试试。
延长肩头
加大！
一字领的肩宽造型一般比较窄，经常和法式袖组合搭配。
造型上风格非常搭。
但是，肩宽过窄对无袖装来说就麻烦了。
缝好领口和袖窿后，会因肩宽过窄导致无法翻回表面。
加宽过窄，无法翻回表面。
肩宽相关知识在衣袖（无袖）部分已经详细介绍过了，可以参考。
无领和衬里的有无
对比下有无衬里时领口的位置会有怎样的变化。
最开始确定的位置
同样的样式下竟然真有稍许的不同。
将缝份这样翻进里侧
里
加衬里、贴边的状态
受布料厚度影响，不太服帖，领口位置上提了。
真人服装完全没必要在意这些。
但娃衣不同，衣料选的厚了会影响造型设计。
娃娃越小影响越大。
好难啊。
所以不能嫌麻烦，做衣服之前要用选定的布料先试做衣领，进行确认。
只做衣领。
还是熟能生巧的问题，多做几件基本就能有把握了。
试做的时候，也要做出美美的衣领来。
加油！

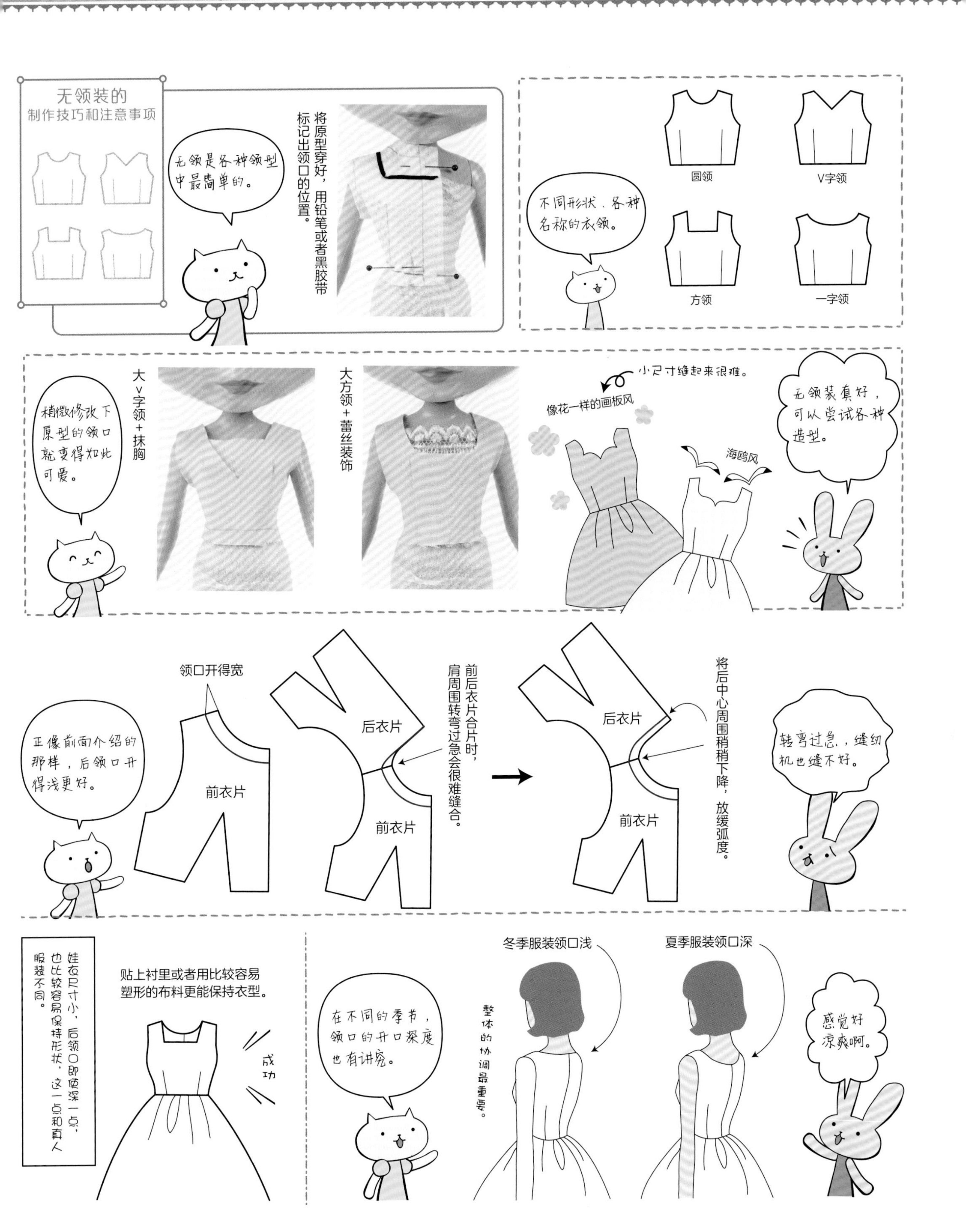
无领装的
制作技巧和注意事项
无领是各种领型中最简单的。
将原型穿好，用铅笔或者黑胶带标记出领口的位置。
不同形状、各种名称的衣领。
圆领
V字领
方领
一字领
稍微修改下原型的领口就变得如此可爱。
大V字领+抹胸
大方领+蕾丝装饰
小尺寸缝起来很难。
像花一样的画板风
海鸥风
无领装真好，可以尝试各种造型。
正像前面介绍的那样，后领口开得浅更好。
领口开得宽
后衣片
前衣片
前后衣片合片时，肩周围转弯过急会很难缝合。
将后中心周围稍稍下降，放缓弧度。
转弯过急，缝纫机也缝不好。
娃衣尺寸小，后领口即使深一点，也比较容易保持形状，这一点和真人服装不同。
贴上衬里或者用比较容易塑形的布料更能保持衣型。
成功
在不同的季节，领口的开口深度也有讲究。
冬季服装领口浅
夏季服装领口深
整体的协调最重要。
感觉好凉爽啊。

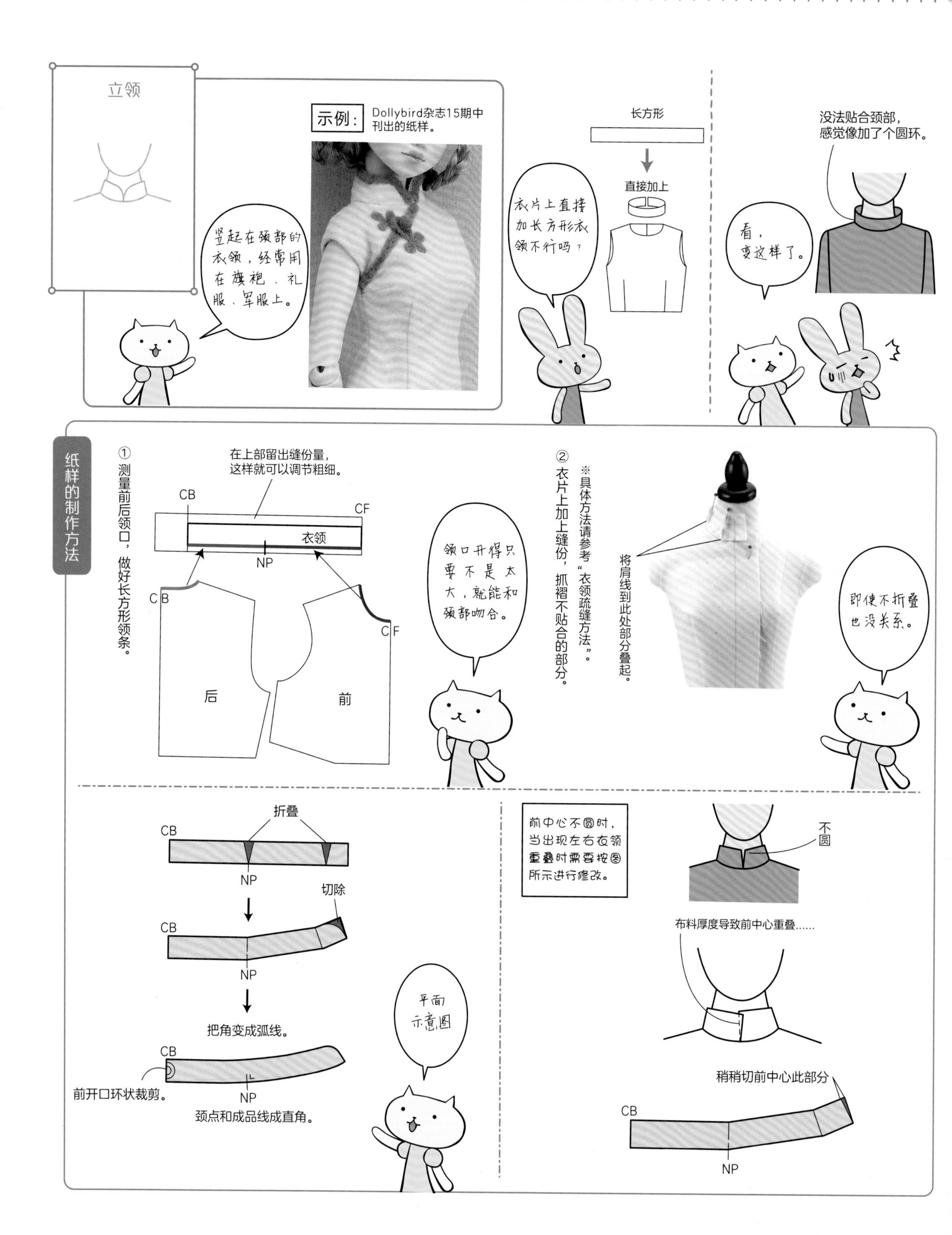
立领
示例：
Dollybird杂志15期中刊出的纸样。
竖起在颈部的衣领，经常用在旗袍、礼服、军服上。
长方形
直接加上
衣片上直接加长方形衣领不行吗？
没法贴合颈部，感觉像加了个圆环。
看，变这样了。
纸样的制作方法
① 测量前后领口，做好长方形领条。
在上部留出缝份量，这样就可以调节粗细。
CB
CF
衣领
NP
CB
CF
后
前
领口开得只要不是太大，就能和颈部吻合。
② 衣片上加上缝份，抓褶不贴合的部分。
※具体方法请参考“衣领疏缝方法”。
将肩线到此处部分叠起。
即使不折叠也没关系。
折叠
CB
NP
切除
CB
NP
把角变成弧线。
CB
前开口环状裁剪。
NP
颈点和成品线成直角。
平面示意图
前中心不圆时，当出现左右衣领重叠时需要按图所示进行修改。
不圆
布料厚度导致前中心重叠……
稍稍切前中心此部分
CB
NP

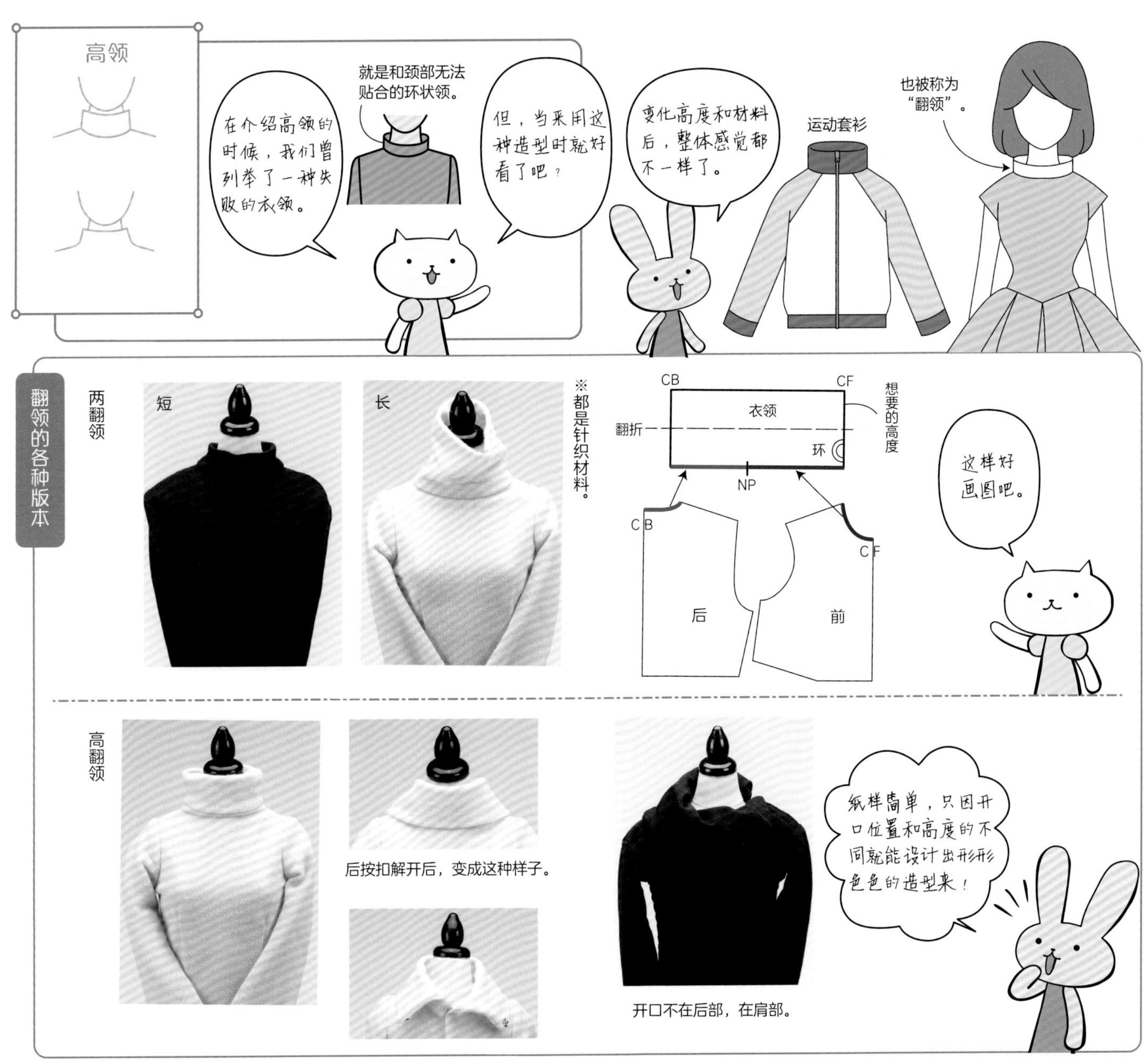
高领
在介绍高领的时候，我们曾列举了一种失败的衣领。
就是和颈部无法贴合的环状领。
但，当采用这种造型时就好看了吧？
变化高度和材料后，整体感觉都不一样了。
运动套衫
也被称为“翻领”。
翻领的各种版本
两翻领
短
长
※都是针织材料。
CB
CF
衣领
翻折
环
NP
想要的高度
CB
CF
后
前
这样好画图吧。
高翻领
后按扣解开后，变成这种样子。
开口不在后部，在肩部。
纸样简单，只因开口位置和高度的不同就能设计出形形色色的造型来！

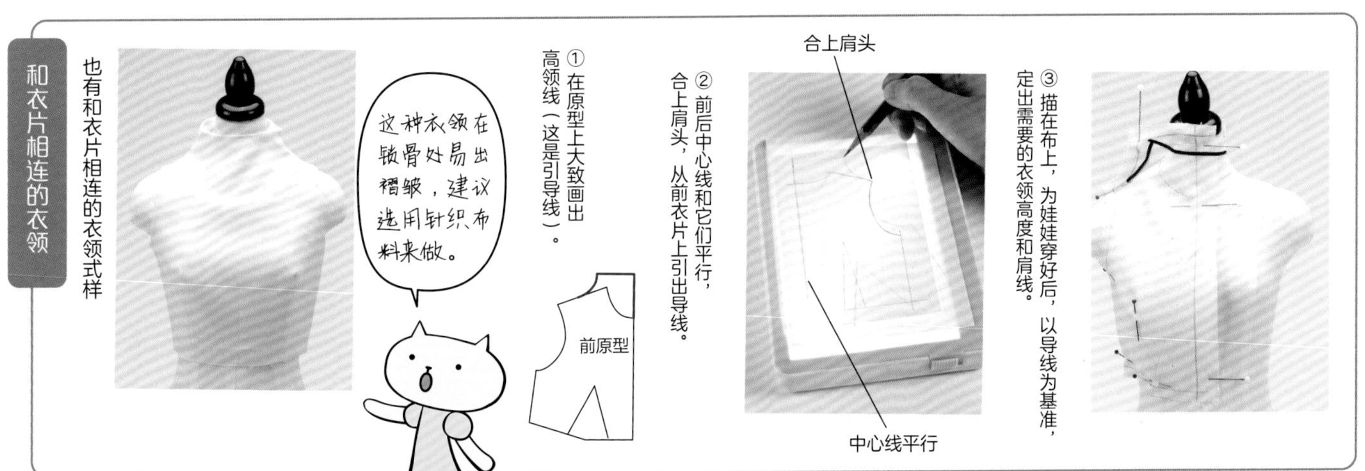
和衣片相连的衣领
也有和衣片相连的衣领式样
这种衣领在锁骨处易出褶皱，建议选用针织布料来做。
①在原型上大致画出高领线（这是引导线）。
前原型
②前后中心线和它们平行，合上肩头，从前衣片上引出导线。
合上肩头
中心线平行
③描在布上，为娃娃穿好后，以导线为基准，定出需要的衣领高度和肩线。

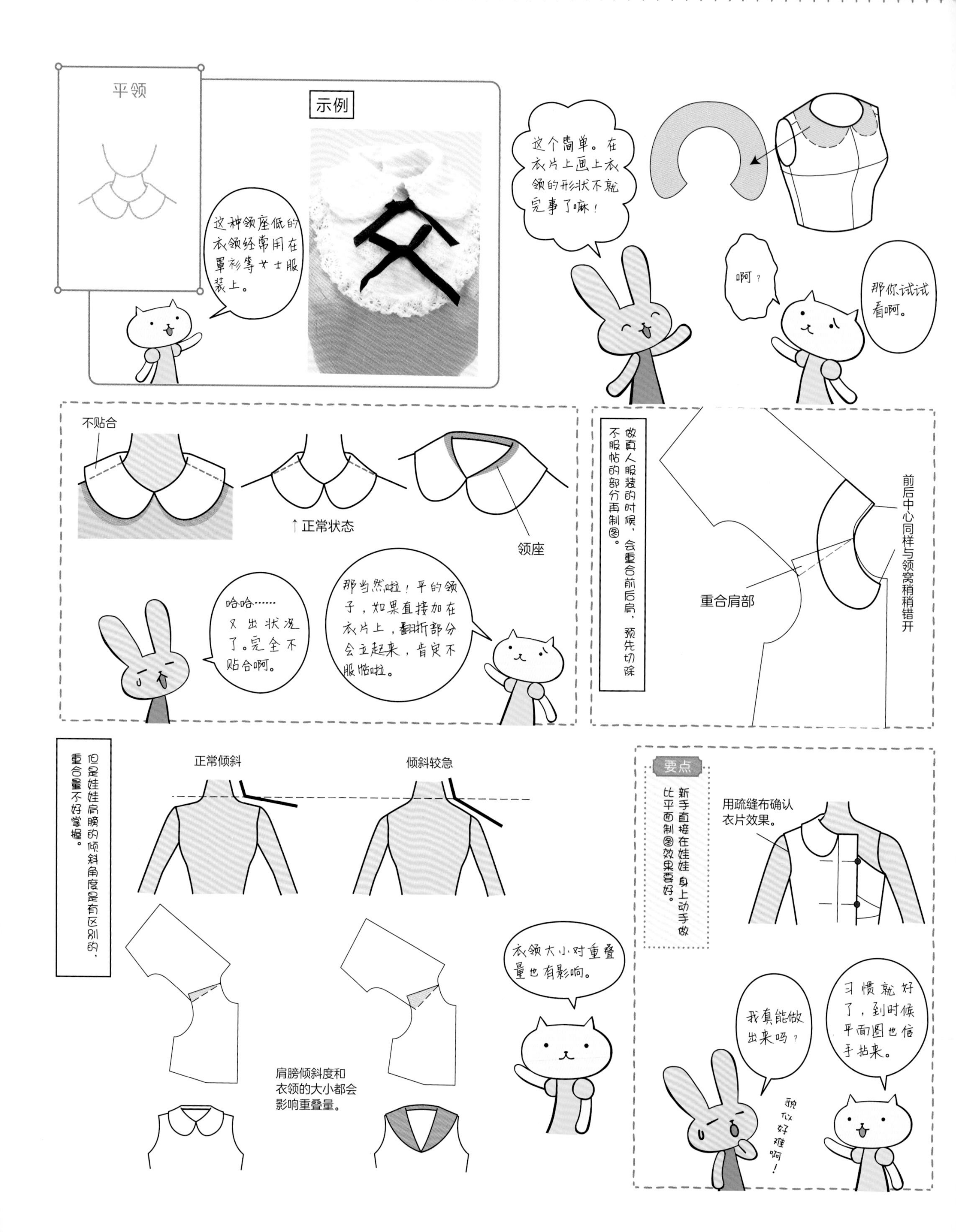

平领
示例
这种领座低的衣领经常用在罩衫等女士服装上。
这个简单。在衣片上画上衣领的形状不就完事了嘛！
啊？
那你试试看啊。
不贴合
↑正常状态
领座
哈哈……又出状况了。完全不贴合啊。
那当然啦！平的领子，如果直接加在衣片上，翻折部分会立起来，肯定不服帖啦。
做真人服装的时候，会重合前后肩，预先切除不服帖的部分再制图。
前后中心同样与领窝稍稍错开
重合肩部
但是娃娃肩膀的倾斜角度是有区别的，重合量不好掌握。
正常倾斜
倾斜较急
肩膀倾斜度和衣领的大小都会影响重叠量。
衣领大小对重叠量也有影响。
要点
新手直接在娃娃身上动手做比平面制图效果要好。
用疏缝布确认衣片效果。
我真能做出来吗？
习惯就好了，到时候平面图也信手拈来。
貌似好难啊！

纸样的制作方法

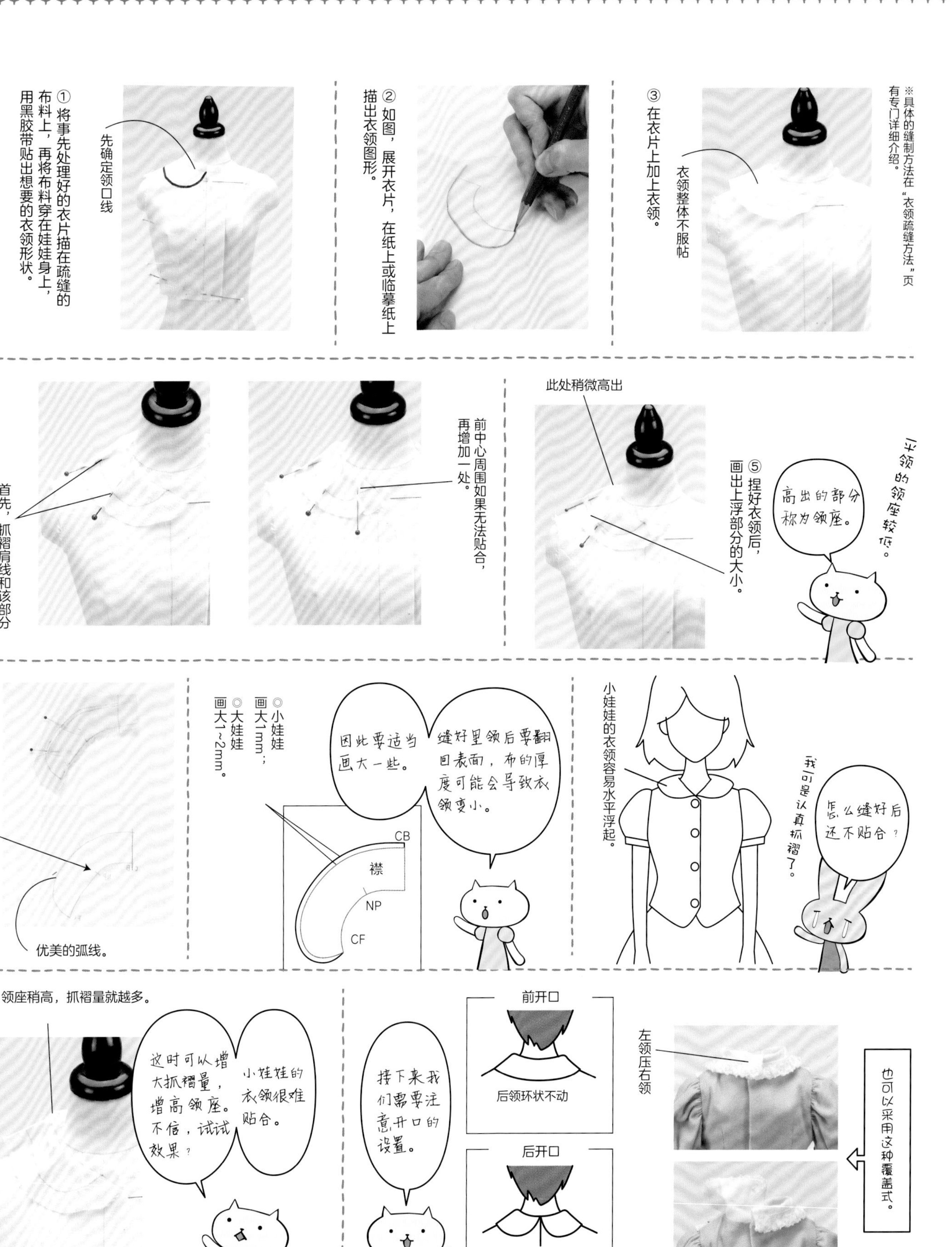

①将事先处理好的衣片描在疏缝的布料上，再将布料穿在娃娃身上，用黑胶带贴出想要的衣领形状。
先确定领口线
②如图，展开衣片，在纸上或临摹纸上描出衣领图形。
③在衣片上加上衣领。
衣领整体不服帖
※具体的缝制方法在“衣领疏缝方法”页有专门详细介绍。
④抓褶不贴合部分
首先，抓褶肩线和该部分
前中心周围如果无法贴合，再增加一处。
此处稍微高出
⑤捏好衣领后，画出上浮部分的大小。
高出的部分称为领座。
平领的领座较低。
⑥自衣片上拆下衣领，描图，完成。
不要忘了画上颈点。
优美的弧线。
◎小娃娃画大1mm；
◎大娃娃画大1~2mm。
缝好里领后要翻回表面，布的厚度可能会导致衣领变小。
因此要适当画大一些。
CB
襟
NP
CF
小娃娃的衣领容易水平浮起。
怎么缝好后还不贴合？
我可是认真抓褶了。
领座稍高，抓褶量就越多。
完全翻好后就浮起来了。
小娃娃的衣领很难贴合。
这时可以增大抓褶量，增高领座。不信，试试效果？
接下来我们需要注意开口的设置。
前开口
后领环状不动
后开口
后面不做成这样不好脱。
左领压右领
也可以采用这种覆盖式。

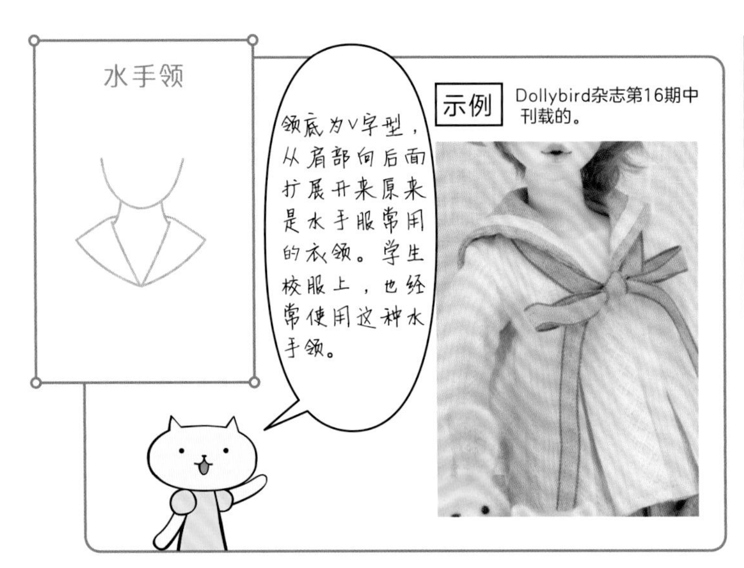

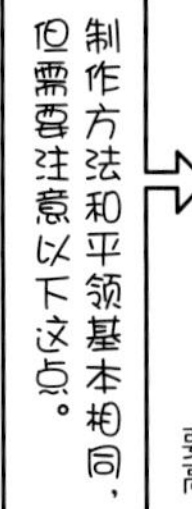

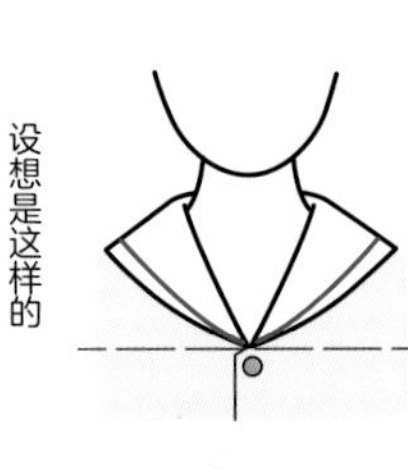

受料厚影响，前中心稍稍有点不服帖，拍摄的时候，V字型位置比看起来的要高。

衣领要做成照片中显示的位置，实际上就降低了V字型的位置。

实际操作时，应在中途拍摄一次照片，以确定位置。

纸样的制作方法

① 将事先后处理好的衣片描在疏缝的布料上，再将布料穿在娃娃身上，用黑胶带贴出想要的衣领形状。

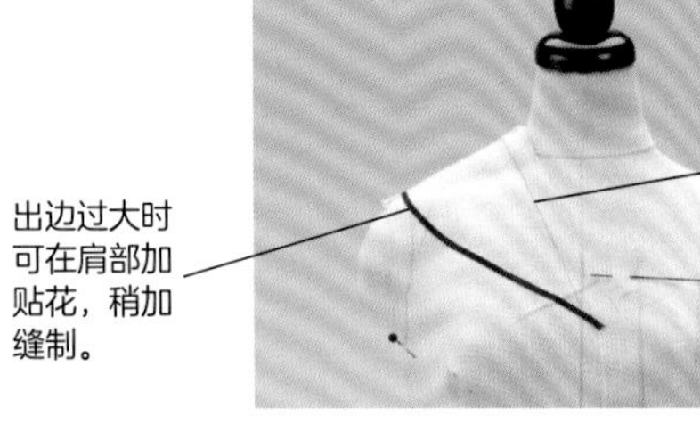

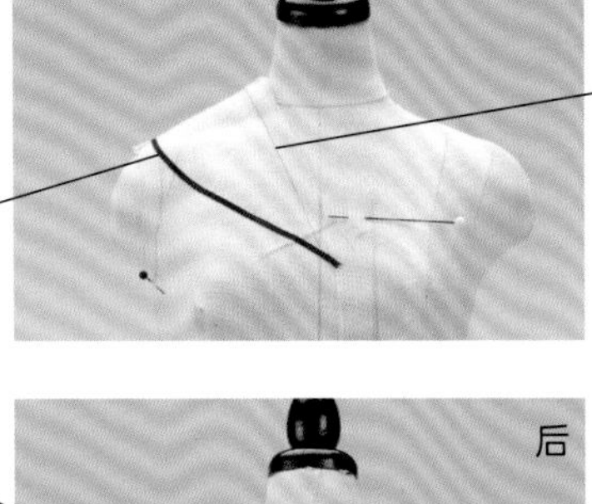

② 如图展开衣片，在纸、临摹纸上描下衣领。

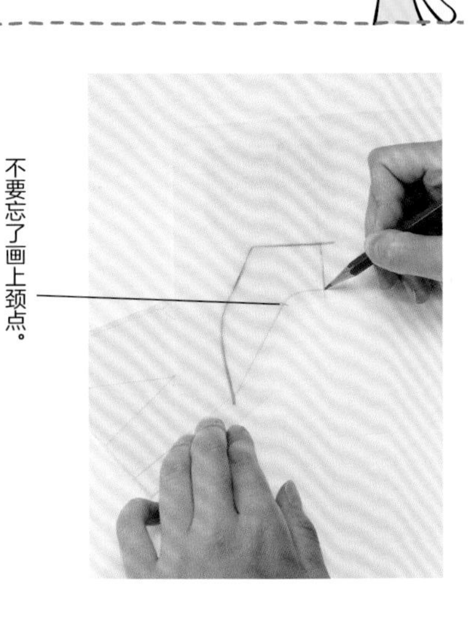

③ 将刚才描好的衣领画到布上。

裁掉衣领周围多余部分。

④ 将衣领缝在衣片上。

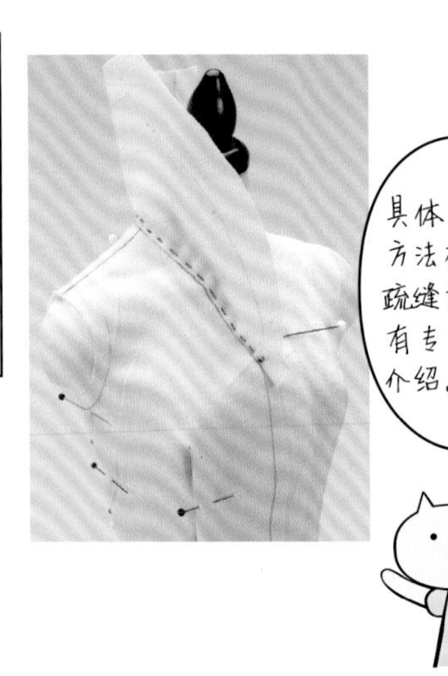

⑤ 和平领不同，肩线周围抓取量要大，以确保服帖。

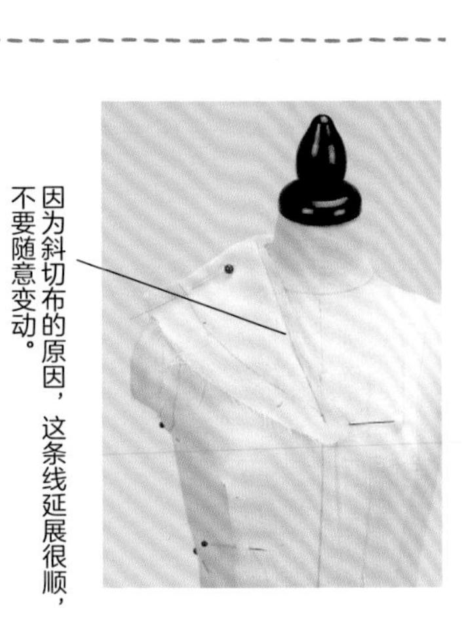

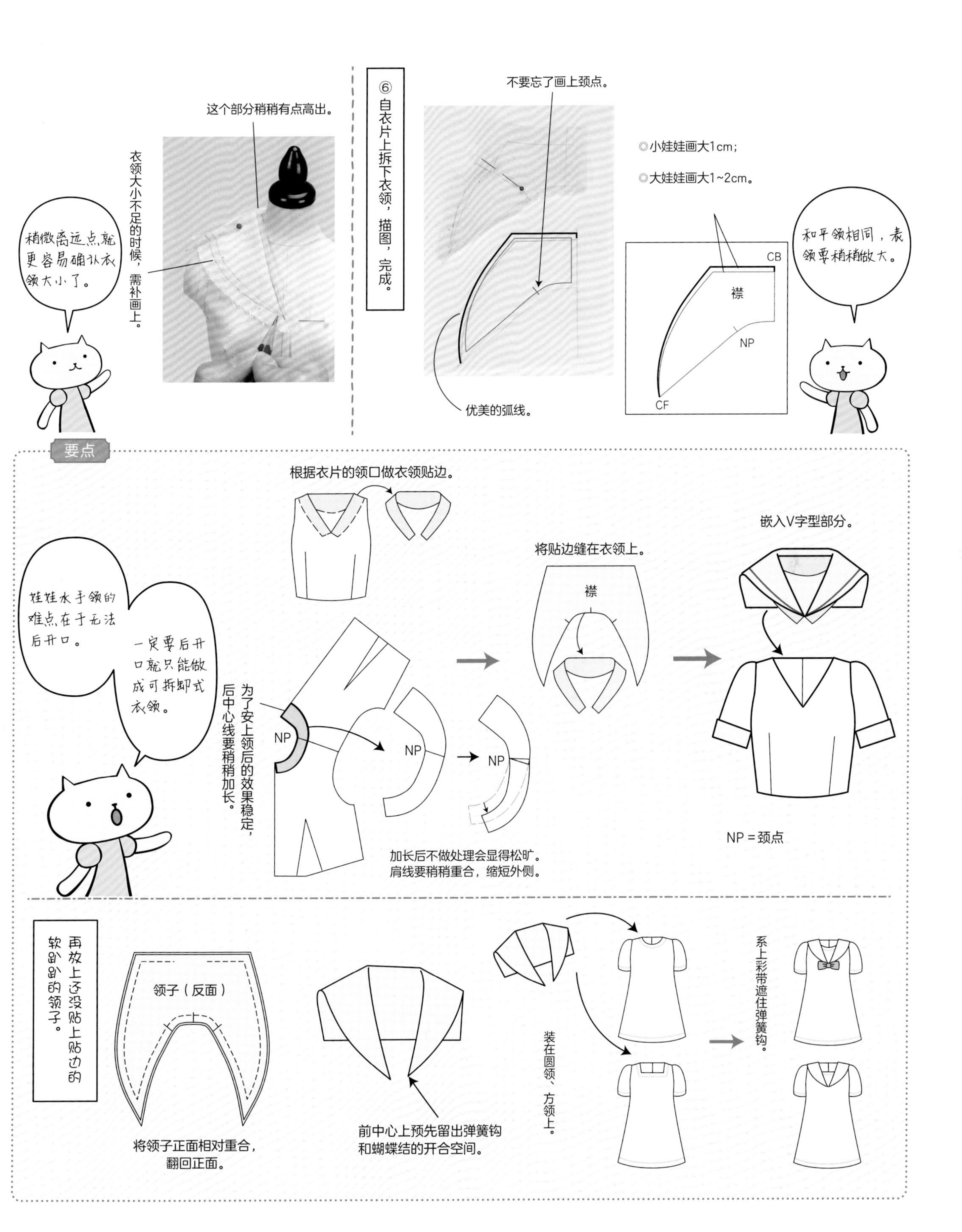

⑥自衣片上拆下衣领，描图，完成。
这个部分稍稍有点高出。
衣领大小不足的时候，需补画上。
稍微离远点就更容易确认衣领大小了。
不要忘了画上颈点。
◎小娃娃画大1cm；
◎大娃娃画大1~2cm。
CB
襟
NP
CF
优美的弧线。
和平领相同，表领要稍稍做大。
要点
根据衣片的领口做衣领贴边。
娃娃水手领的难点在于无法后开口。
一定要后开口就只能做成可拆卸式衣领。
为了安上领后的效果稳定，后中心线要稍稍加长。
NP
NP
NP
加长后不做处理会显得松旷。
肩线要稍稍重合，缩短外侧。
将贴边缝在衣领上。
襟
嵌入V字型部分。
NP＝颈点
再放上还没贴上贴边的软趴趴的领子。
领子（反面）
将领子正面相对重合，翻回正面。
前中心上预先留出弹簧钩和蝴蝶结的开合空间。
装在圆领、方领上。
系上彩带遮住弹簧钩。

①像测量立领那样量出领窝，用厨房纸巾做出长方形的领块。

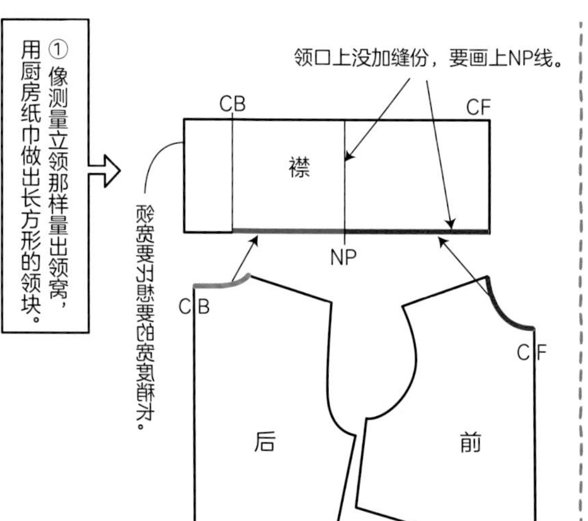

②用透明胶带粘好领口。

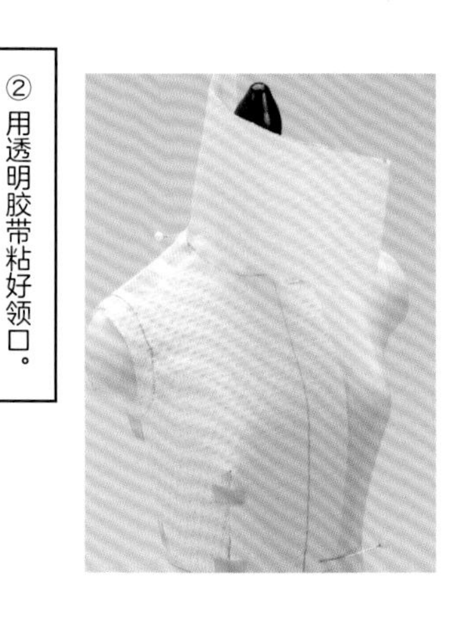

③在NP上和前领口加上数处剪口，用胶带粘出想要的领型。

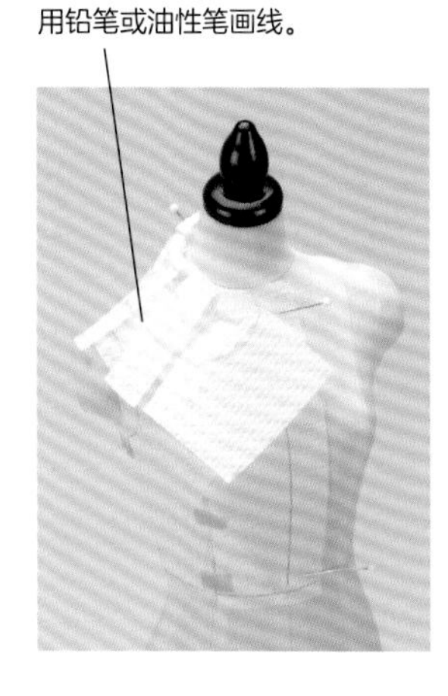

④后肩线周围加1～2处剪口，注意不可过多。

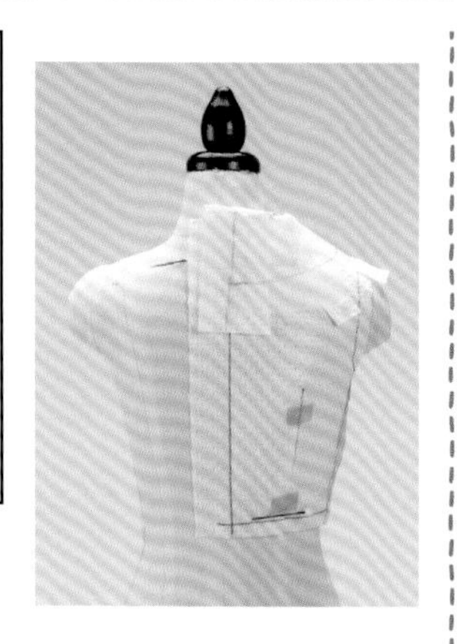

⑤将粘好的领子轻轻揭下来，描在纸上。

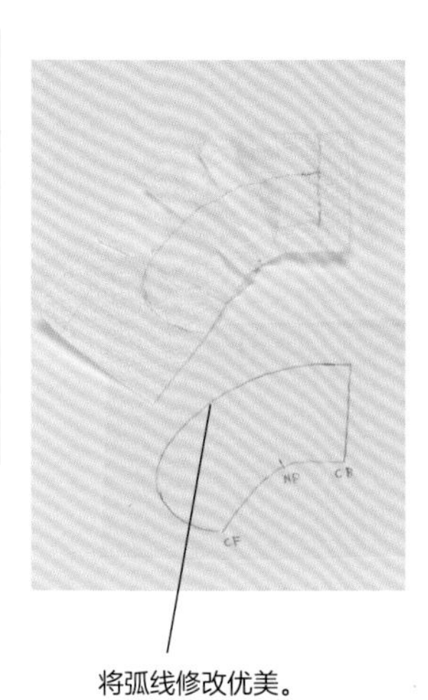

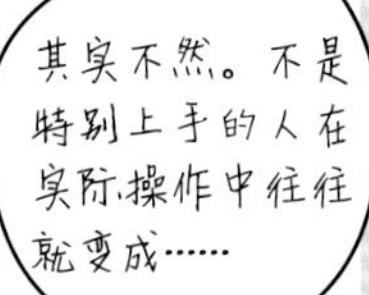

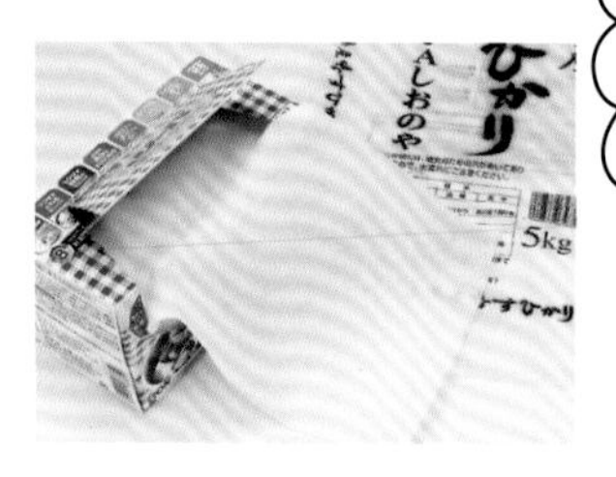

可以疏缝的厚厨房纸巾及米袋都是可经常使用的材料。

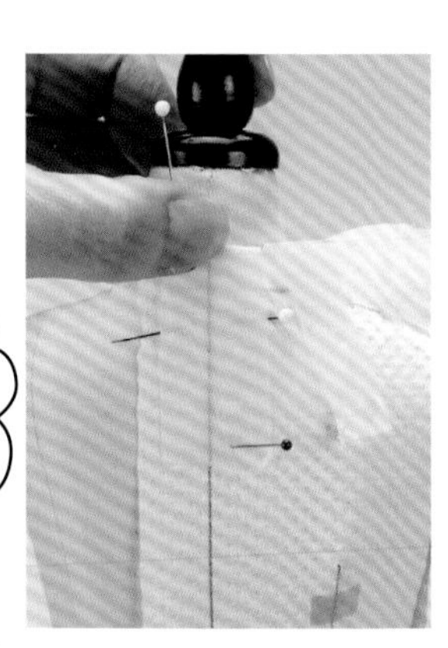

用透明或半透明的塑料袋可以轻松确认领子高度。

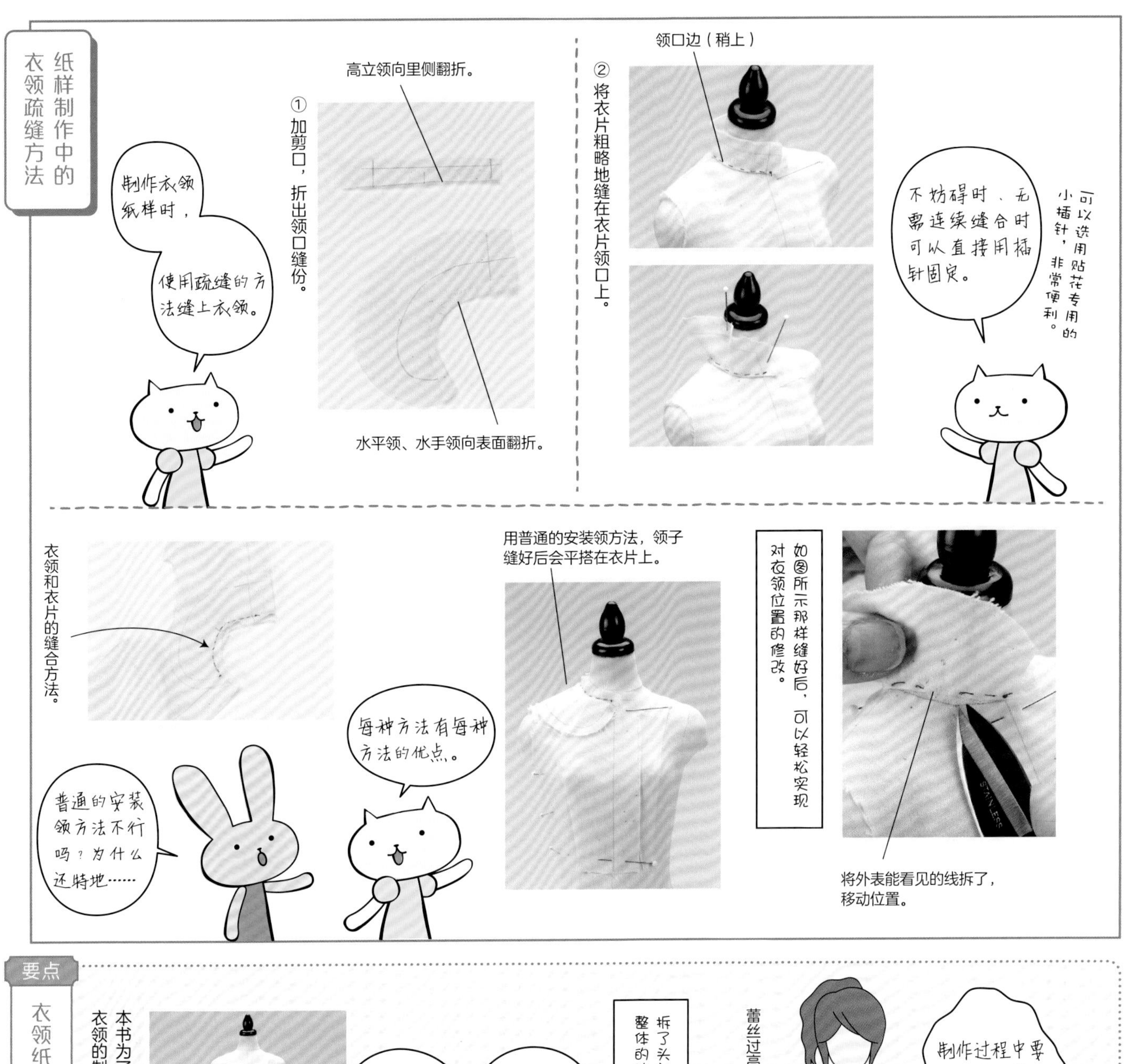
纸样制作中的衣领疏缝方法
制作衣领纸样时，使用疏缝的方法缝上衣领。
①加剪口，折出领口缝份。
高立领向里侧翻折。
水平领、水手领向表面翻折。
②将衣片粗略地缝在衣片领口上。
领口边（稍上）
不妨碍时、无需连续缝合时可以直接用插针固定。
可以选用贴花专用的小插针，非常便利。
衣领和衣片的缝合方法。
用普通的安装领方法，领子缝好后会平搭在衣片上。
如图所示那样缝好后，可以轻松实现对衣领位置的修改。
将外表能看见的线拆了，移动位置。
普通的安装领方法不行吗？为什么还特地……
每种方法有每种方法的优点。

要点
衣领纸样制作时的注意事项
本书为了方便解说，使用了娃娃人台来解说衣领的制作方法。
娃娃人台
为了便于操作，娃娃人台的头被事先拆了下来。
为了防止弄伤娃娃脸部，我建议将其事先拆下。
我有过失败经历……
拆了头部后，有可能会出现纸样完成后整体的协调感完全被破坏的现象。
蕾丝过高碰上下巴了。
比想象中要大许多。
制作过程中要不时将头装上去确认下效果，否则容易出错。
哎，还是要多加注意啊！

第7章

纸样后处理

— PATTERN I —

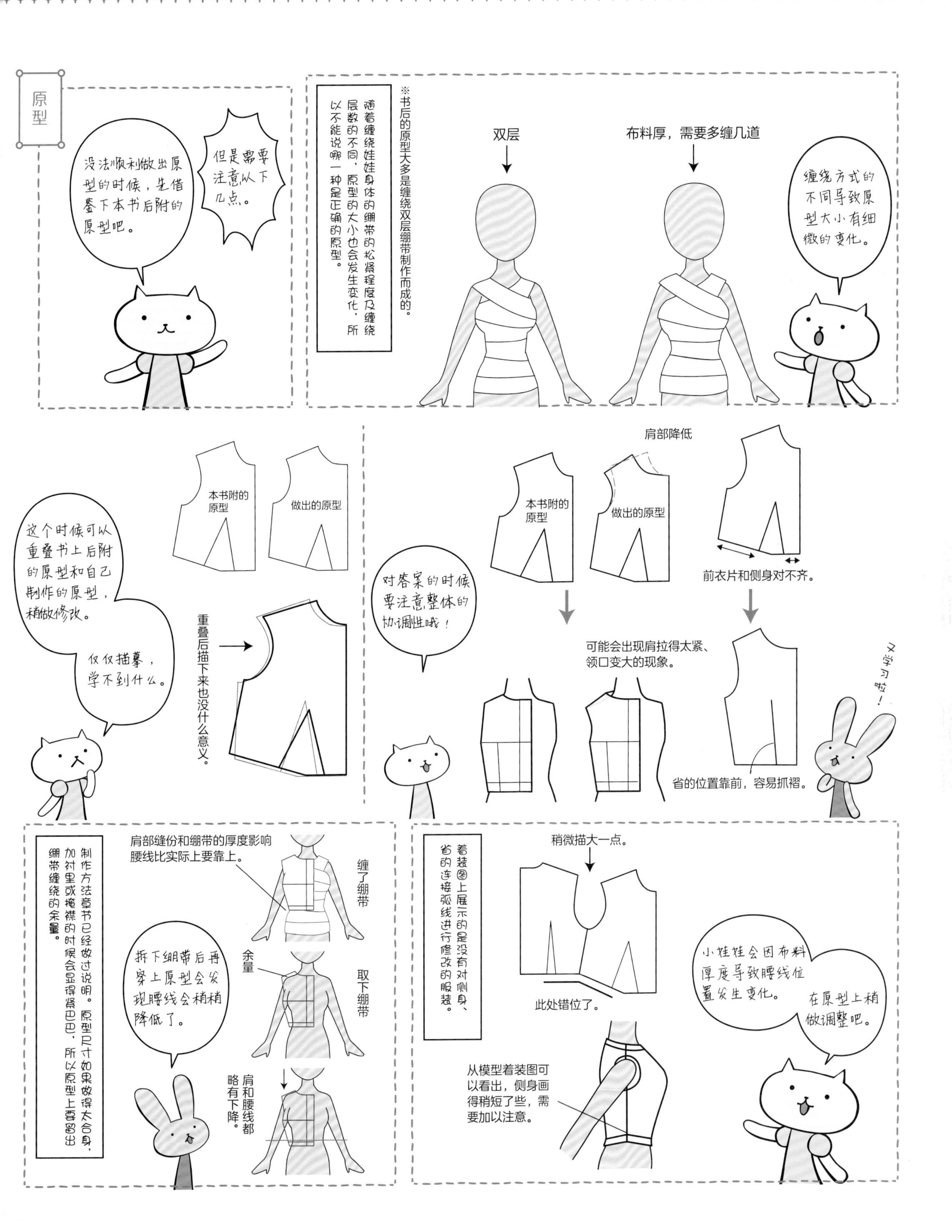

原型
没法顺利做出原型的时候，先借鉴下本书后附的原型吧。
但是需要注意以下几点。
随着缠绕娃娃身体的绷带的松紧程度及缠绕层数的不同，原型的大小也会发生变化，所以不能说哪一种是正确的原型。
※书后的原型大多是缠绕双层绷带制作而成的。
双层
布料厚，需要多缠几道
缠绕方式的不同导致原型大小有细微的变化。
本书附的原型
做出的原型
这个时候可以重叠书上后附的原型和自己制作的原型，稍做修改。
仅仅描摹，学不到什么。
重叠后描下来也没什么意义。
对答案的时候要注意整体的协调性哦！
肩部降低
本书附的原型
做出的原型
前衣片和侧身对不齐。
可能会出现肩拉得太紧、领口变大的现象。
省的位置靠前，容易抓褶。
又学习啦！
制作方法章节已经做过说明。原型尺寸如果做得太合身，加衬里或掩襟的时候会显得紧巴巴，所以原型上要留出绷带缠绕的余量。
肩部缝份和绷带的厚度影响腰线比实际上要靠上。
缠了绷带
余量
取下绷带
拆下绷带后再穿上原型会发现腰线会稍稍降低了。
肩和腰线都略有下降。
着装图上展示的是没有对侧身、省的连接弧线进行修改的服装。
稍微描大一点。
此处错位了。
从模型着装图可以看出，侧身画得稍短了些，需要加以注意。
小娃娃会因布料厚度导致腰线位置发生变化。
在原型上稍做调整吧。

哈哈，纸样终于完成喽！
在加缝份前要检查并修改好各衣块。
检查衣块
检查各衣块的长度是否相符。
衣摆长度不同。
肩部、领子、领口都要检查！
错位的部分要修改成圆的弧线。
本书后附的原型没有对此类台阶进行修改，使用时要注意。
加缝份的方法
真人服装的缝份宽度基本是固定的……
而娃衣的缝份多为3~5mm（宽的有1cm）。
·娃衣的大小
·手缝还是机缝
·布料是否容易绽开。
综合以上几点，只要保证易缝合就可以自由决定缝份宽度。
用网格尺均匀移动，轻松画出均等的缝份。
画出F（前）、B（后）
B
F
衣袖
CF
前衣片
贴边部分
衣片和贴边紧密相连时，不要忘了画出来。
像z真人服装一样，将衣摆、袖口的缝份要稍稍多加点。
宽点针脚好看
可见翻折部分
缝份较宽则翻折部分不显眼
或者为了方便缝制，也可实现缩窄弧线部分的缝份
B
F
衣袖
后衣片
中心对折线
外褶部分加上外褶标记等
接着对齐缝份边角，缝合时注意"缝份长度不同"。
包住四周加上缝份
短
长
重合实际缝合部分，修整多出或缺少的部分。
相同
为了避免出现5mm袖窿搭配3mm衣袖的现象，
最后再次确认是否合身！

第8章

纸样的放大及缩小

— PATTERN Ⅱ —

这上面的纸样真漂亮！好想给娃娃制作这种衣服。
但是，纸样的尺寸不一样，真遗憾。
能不能放大或缩小其他尺寸的纸样之后再使用？
我也这么想过！
嗯
娃娃体型各有不同
体型各有不同，即便放大或缩小，也需要大量修改。
而且，缝份也要一起放大或缩小，工作量巨大。
缝份的宽度也有改变。
好吧，还不如自己重新制作。
不过，说不定会很有趣，可以试着制作。
大小不同，但外形相似的娃娃或许不需要太多修改。
同一系列、同一厂商的大小尺寸不同的娃娃，体型无太大差异。
虽然也有例外
胸大
胸小
腰围细
凹凸线条不明显
儿童体型
放大或缩小纸样之前，仔细观察娃娃。
选择哪种体型？
牢记相似程度，试着放大或缩小！
如果这两个娃娃尺寸相同就好了。

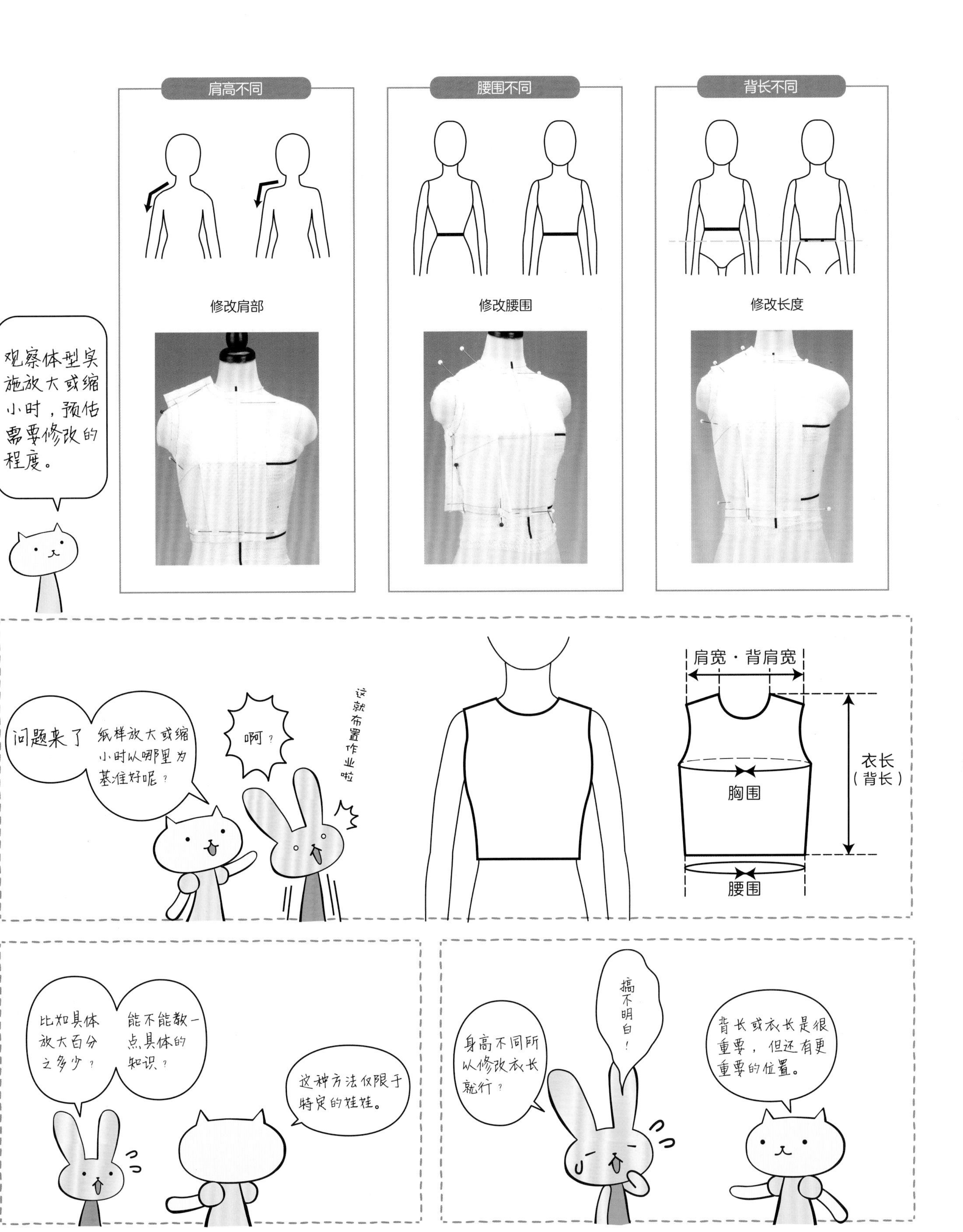

肩高不同
修改肩部
腰围不同
修改腰围
背长不同
修改长度
观察体型实施放大或缩小时，预估需要修改的程度。
问题来了
纸样放大或缩小时以哪里为基准好呢？
啊？
这就布置作业啦
肩宽・背肩宽
衣长（背长）
胸围
腰围
比如具体放大百分之多少？
能不能教一点具体的知识？
这种方法仅限于特定的娃娃。
身高不同所以修改衣长就行？
搞不明白！
背长或衣长是很重要，但还有更重要的位置。

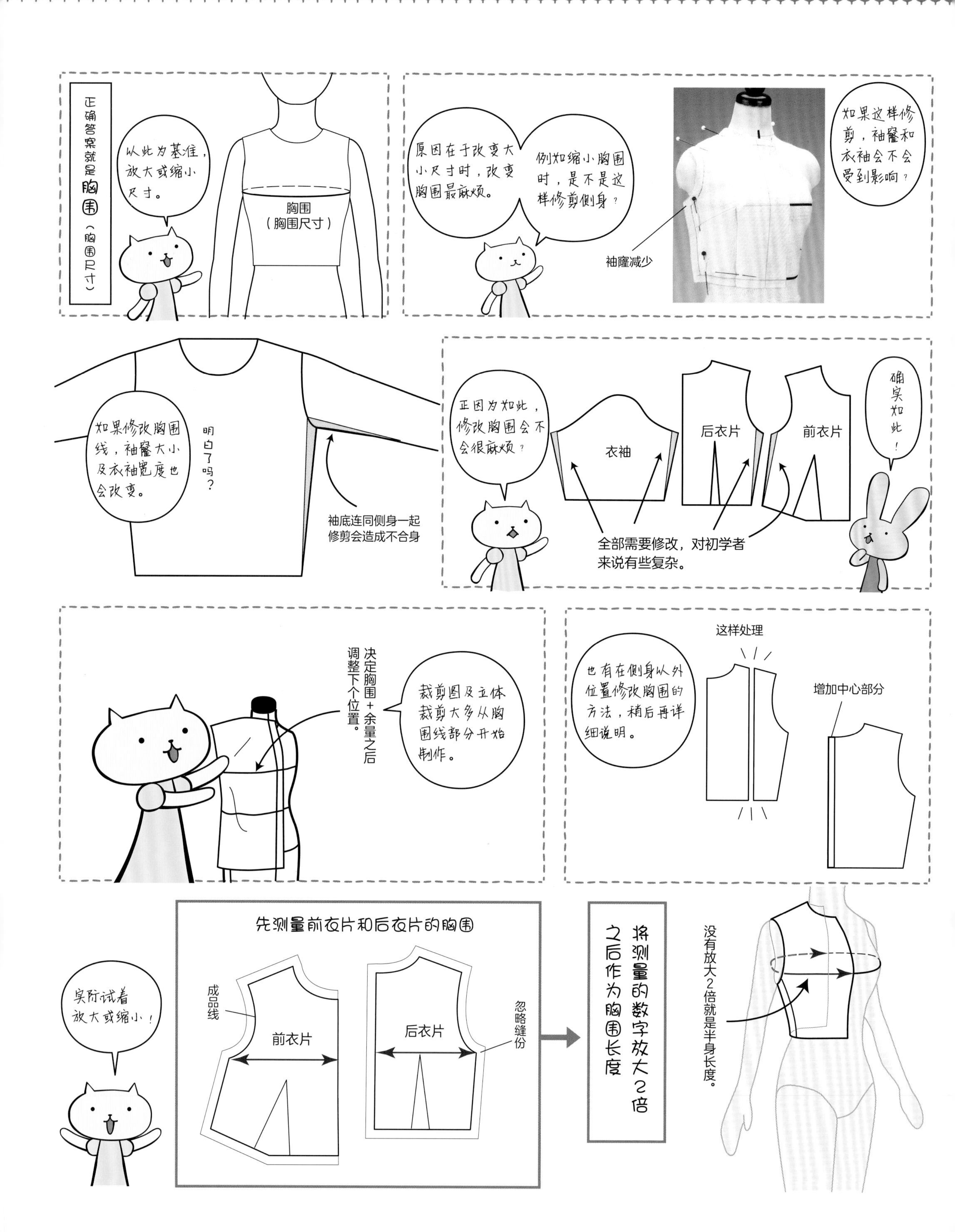
正确答案就是胸围（胸围尺寸）
从此为基准，放大或缩小尺寸。
胸围（胸围尺寸）
原因在于改变大小尺寸时，改变胸围最麻烦。
例如缩小胸围时，是不是这样修剪侧身？
如果这样修剪，袖窿和衣袖会不会受到影响？
袖窿减少
如果修改胸围线，袖窿大小及衣袖宽度也会改变。
明白了吗？
袖底连同侧身一起修剪会造成不合身
正因为如此，修改胸围会不会很麻烦？
衣袖
后衣片
前衣片
确实如此！
全部需要修改，对初学者来说有些复杂。
决定胸围＋余量之后调整下个位置。
裁剪图及立体裁剪大多从胸围线部分开始制作。
这样处理
也有在侧身以外位置修改胸围的方法，稍后再详细说明。
增加中心部分
先测量前衣片和后衣片的胸围
实际试着放大或缩小！
成品线
前衣片
后衣片
忽略缝份
将测量的数字放大2倍之后作为胸围长度
没有放大2倍就是半身长度。

明白了！放大或缩小时，确保纸样的胸围和娃娃的胸围相同。
胸围
放大或缩小时，测量以确保与娃娃的胸围相同。
嗯，大致合身，稍有差异。
放大或缩小为完全相同长度，说不定都穿不上去。
考虑到布料本身厚度，需要加入"余量"。
这么说来，确实有这样的制作经历！
衣服合不上！
面料
衬里
薄布加上缝份之后也有一定厚度。
羊毛布等厚布料需要特别注意！
需要留有余量，并不是完全对齐。
除了衬里，加上掩襟、拉链时也会增加厚度。
确实如此，胸围完全对齐放大或缩小，穿起来太紧。
制作原型时在身体上缠绕绷带
☆如果是无衬里的设计，小娃娃缠绕1~2层，大娃娃缠绕2~3层。
☆如果是带有衬里的设计，则增加缠绕层面。
胸围的余量如何测量？
初学者对厚度测量尚不熟练，制作原型时应在娃娃身体上缠绕绷带，并测量其长度。
较大娃娃缠绕2~3层绷带，胸围增加1cm左右。
※参照第2章"制作原型"
除了厚布料，拼接线等缝份较多的设计也要稍稍增加余量。
熟练之后，可凭借经验添加余量。
缠绕绷带之后，测量娃娃的胸围。
缠绕剪成细条的纸或线，标记之后用直尺测量，比卷尺更准确。

示例
胸围 12cm
胸围+余量 18cm
使用这种大小的纸样
按这种尺寸娃娃制作
放大或缩小后的娃娃胸围＋余量 ÷ 纸样的胸围
这是公式
18 ÷ 12 = 1.5
放大150%
12cm→约18cm
增加1%~3%
81%
80%
122%
120%
余量无法达到预期效果或出现误差时，按原放大或缩小尺寸稍稍增加（或减少）同样准备一份。
之后处理不行吗？
家中有打印机或图片编辑软件会很方便。
如果没有，还要去打印店跑很多次。
这样确实很复杂。
这次是尺寸不合适！
宽度改变
放大或缩小之后，缝份的宽度也有变化。
好好修改！
虽然有些麻烦，是不是最好在放大或缩小之后重新划出缝份？
未划出成品线，利用车缝机压脚宽度缝合时特别需要注意。
本想试着快速放大！
面对拼接线的纸样，不知测量哪里最合适。
最好这样组合纸样之后进行测量。
如同制作纸艺。
可以这样测量纸样的胸围，也可采用其他不考虑余量的方法。
快教我！

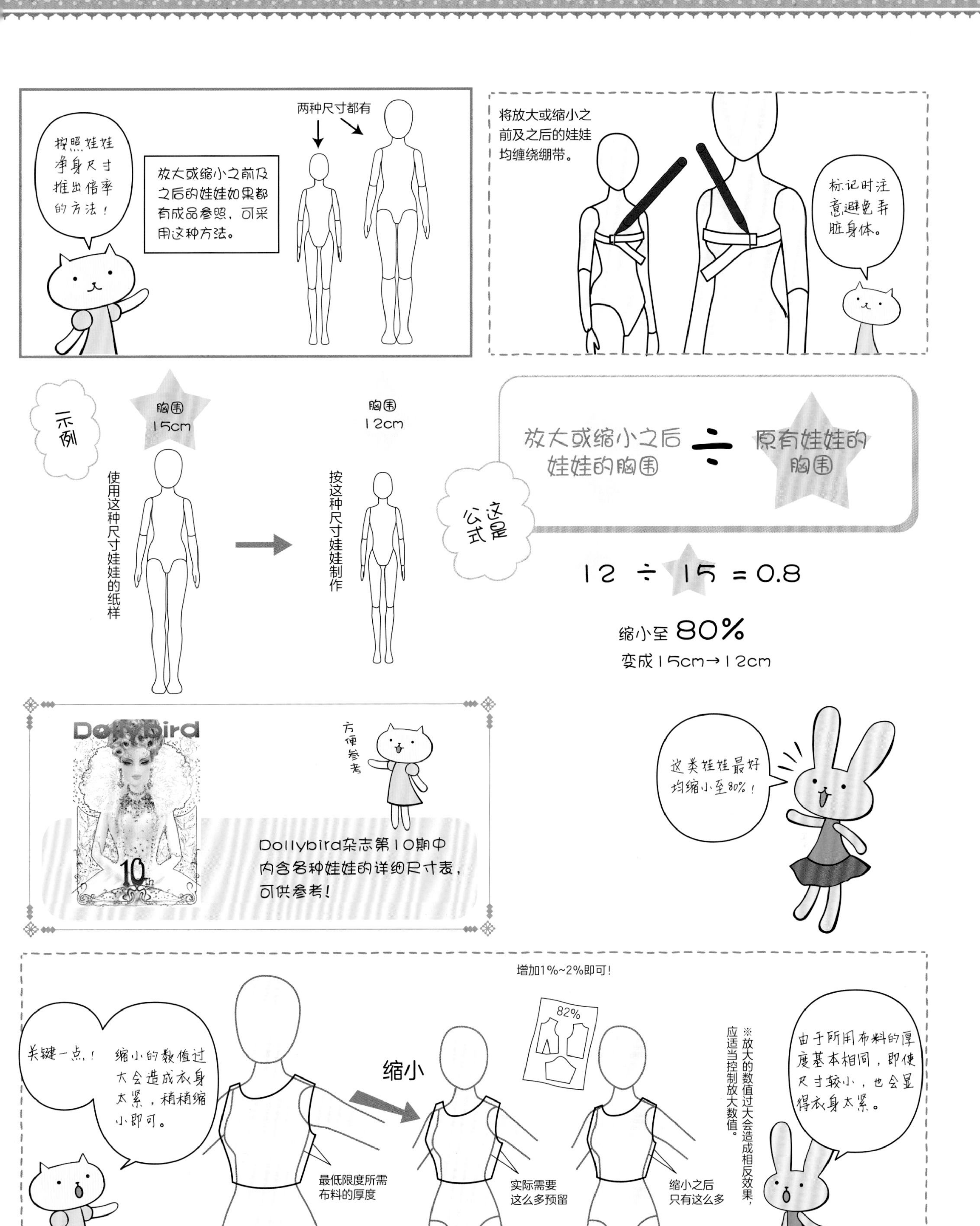

按照娃娃净身尺寸推出倍率的方法！
两种尺寸都有
放大或缩小之前及之后的娃娃如果都有成品参照，可采用这种方法。
将放大或缩小之前及之后的娃娃均缠绕绷带。
标记时注意避免弄脏身体。
示例
胸围 15cm
使用这种尺寸娃娃的纸样
胸围 12cm
按这种尺寸娃娃制作
这是公式
放大或缩小之后娃娃的胸围 ÷ 原有娃娃的胸围
12 ÷ 15 = 0.8
缩小至 80%
变成15cm→12cm
Dollybird
10th
方便参考
Dollybird杂志第10期中内含各种娃娃的详细尺寸表，可供参考！
这类娃娃最好均缩小至80%！
增加1%~2%即可！
关键一点！
缩小的数值过大会造成衣身太紧，稍稍缩小即可。
缩小
82%
最低限度所需布料的厚度
实际需要这么多预留
缩小之后只有这么多
※放大的数值过大会造成相反效果，应适当控制放大数值。
由于所用布料的厚度基本相同，即使尺寸较小，也会显得衣身太紧。

试着使用净身尺寸推出的倍率，放大或缩小几种原纸样。

※修改示例由于缠绕绷带的层数等，多少存在差异。

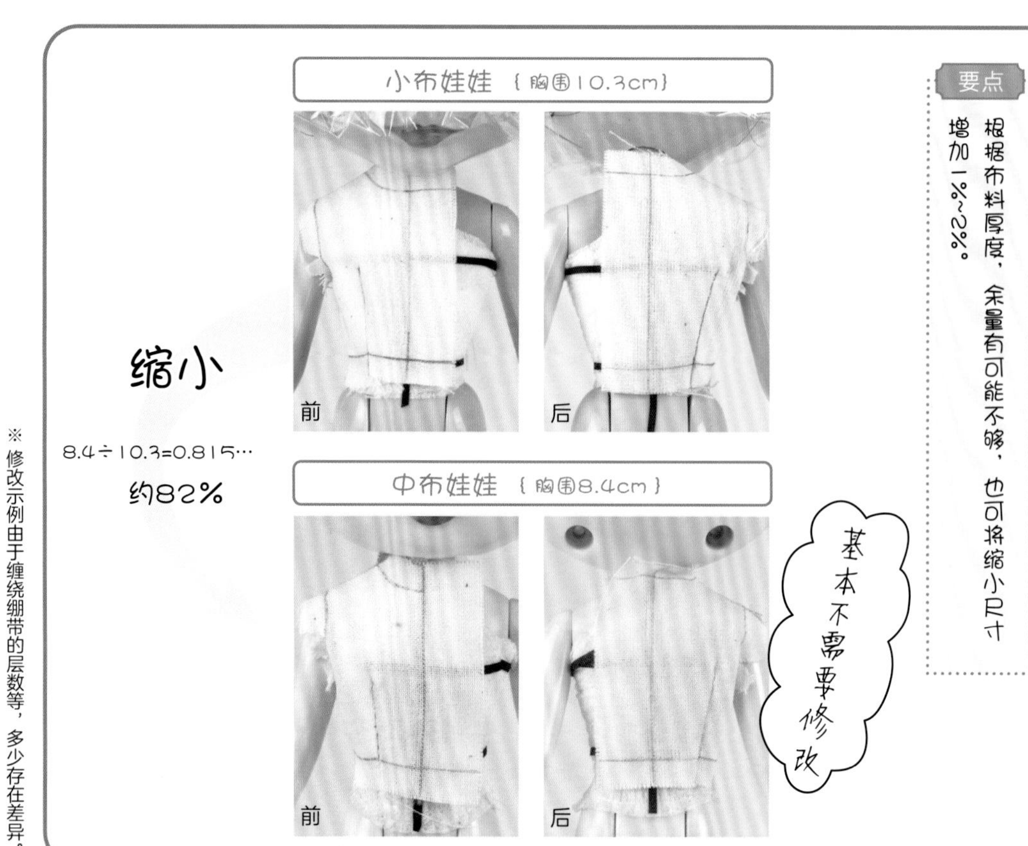

缩小

8.4÷10.3=0.815…

约82%

要点

根据布料厚度，余量有可能不够，也可将缩小尺寸增加1%~2%。

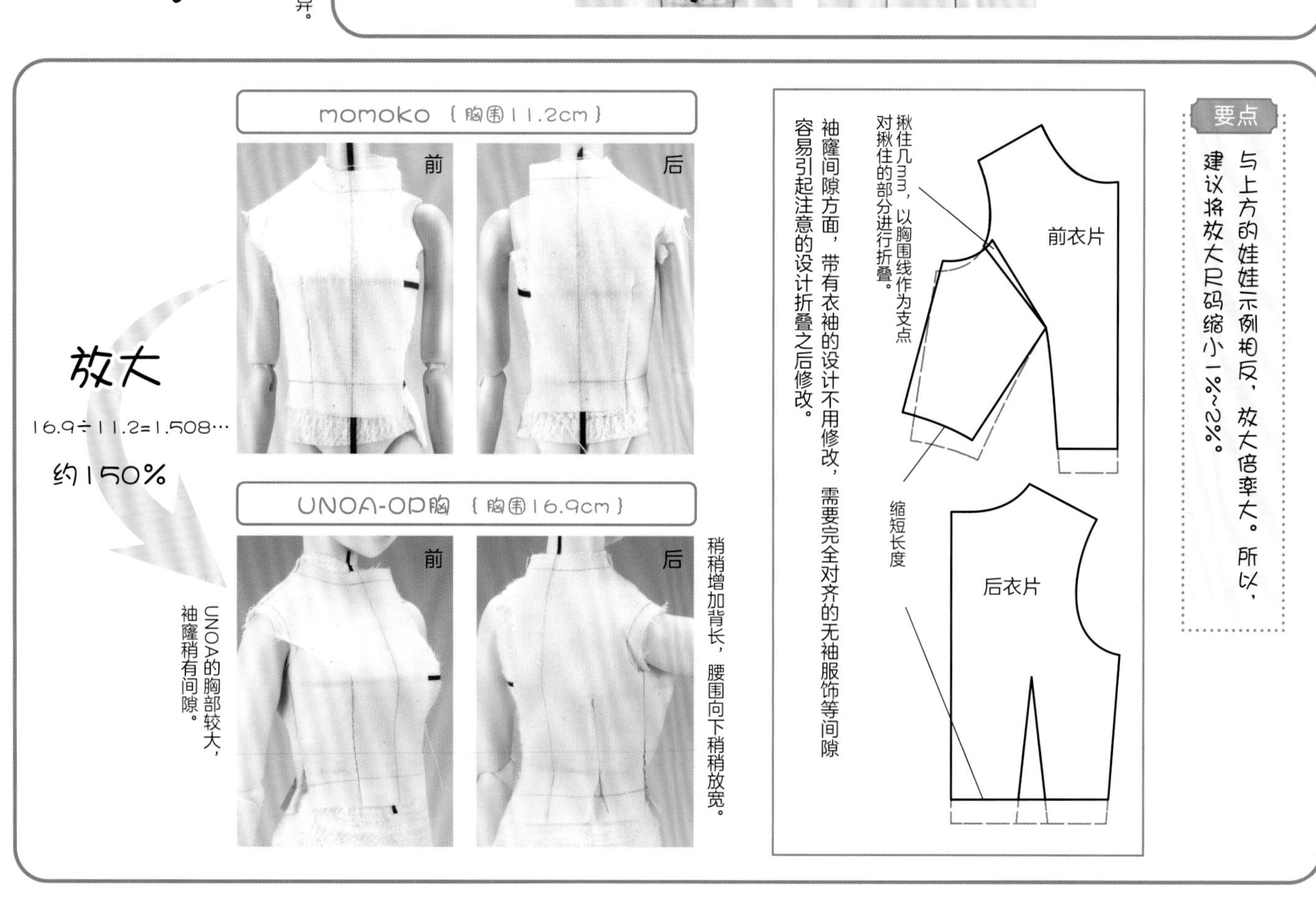

放大

16.9÷11.2=1.508…

约150%

UNOA的胸部较大，袖窿稍有间隙。

稍稍增加背长，腰围向下稍稍放宽。

袖窿间隙方面，带有衣袖的设计不用修改，需要完全对齐的无袖服饰等间隙容易引起注意的设计折叠之后修改。

要点

与上方的娃娃示例相反，放大倍率大。所以，建议将放大尺码缩小1%~2%。

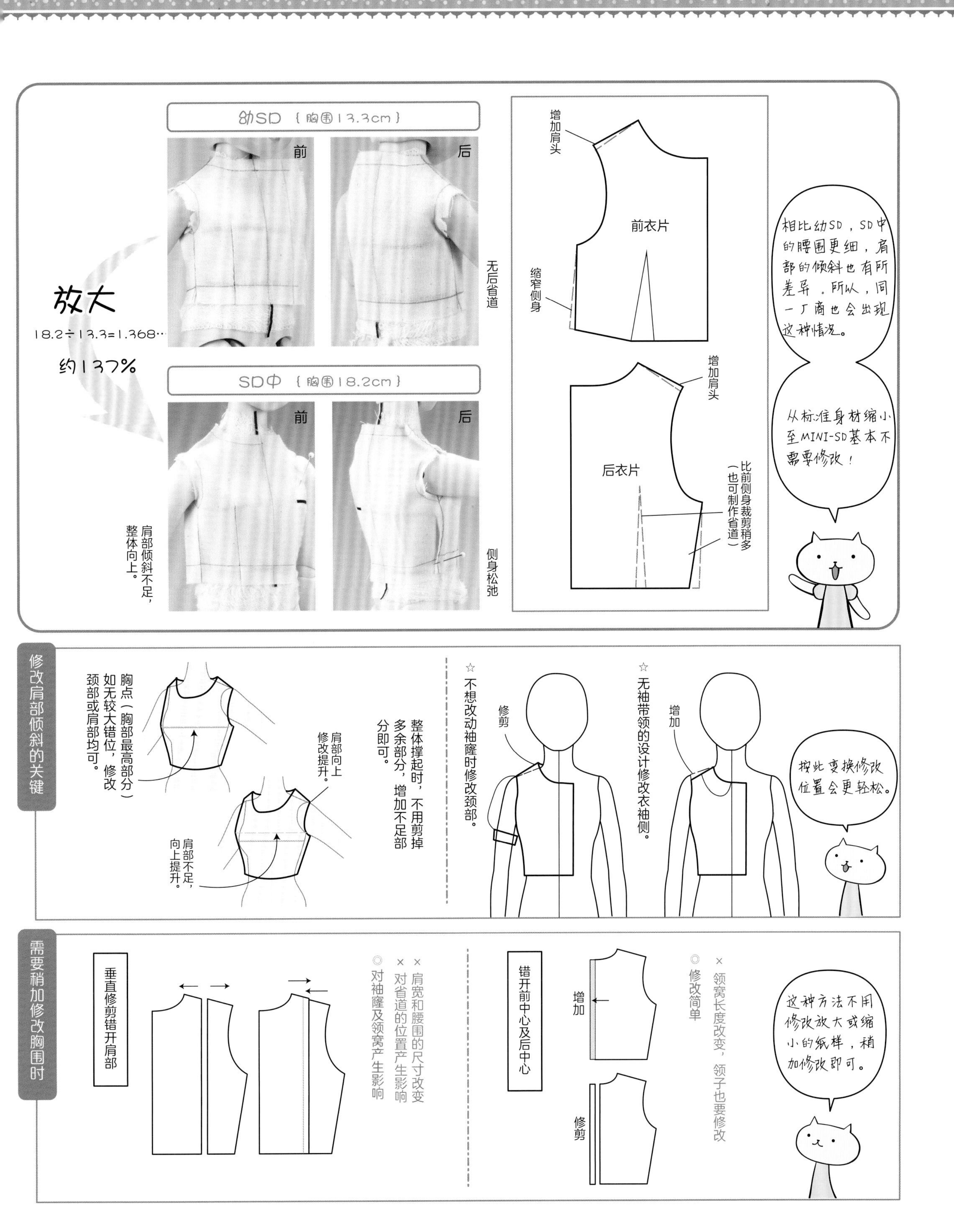
幼SD（胸围13.3cm）
前
后
无后省道
放大
18.2÷13.3=1.368…
约137%
SD中（胸围18.2cm）
前
后
肩部倾斜不足，整体向上。
侧身松弛
增加肩头
前衣片
缩窄侧身
增加肩头
后衣片
比前侧身裁剪稍多（也可制作省道）
相比幼SD，SD中的腰围更细，肩部的倾斜也有所差异。所以，同一厂商也会出现这种情况。
从标准身材缩小至MINI-SD基本不需要修改！
修改肩部倾斜的关键
胸点（胸部最高部分）如无较大错位，修改颈部或肩部均可。
肩部向上修改提升。
肩部不足，向上提升。
整体撑起时，不用剪掉多余部分，增加不足部分即可。
☆不想改动袖窿时修改颈部。
修剪
☆无袖带领的设计修改衣袖侧。
增加
按此变换修改位置会更轻松。
需要稍加修改胸围时
垂直修剪错开肩部
×肩宽和腰围的尺寸改变
×对省道的位置产生影响
◎对袖窿及领窝产生影响
错开前中心及后中心
增加
修剪
×领窝长度改变，领子也要修改
◎修改简单
这种方法不用修改放大或缩小的纸样，稍加修改即可。

※此图将缝份朝向内侧拍摄，方便理解上一页的修改示例。

考虑到戴假发的状态，稍稍放宽测量。

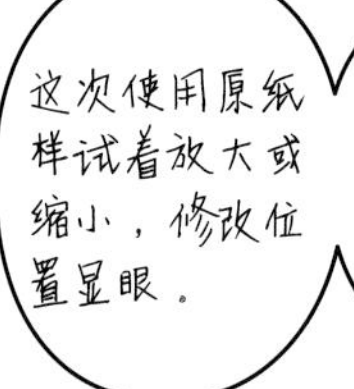

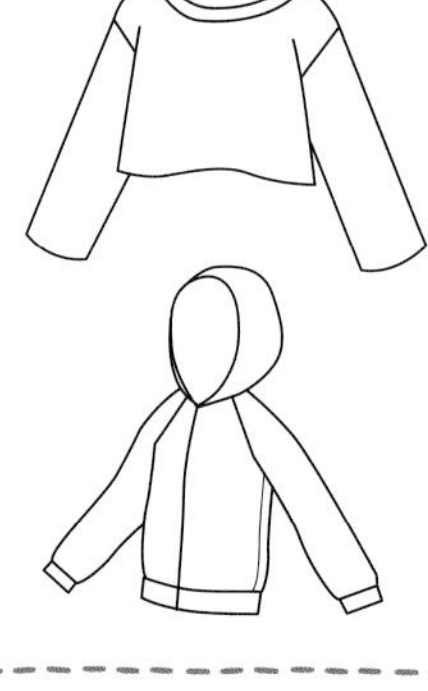
宽松的套头衫或连帽外套

高腰的连衣裙

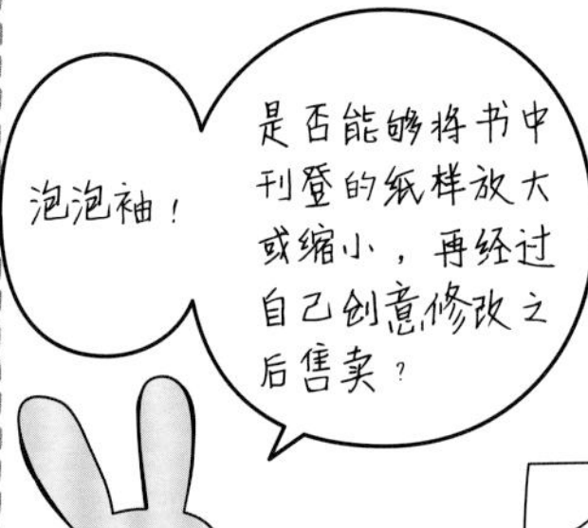

书中刊登的简款无袖连衣裙

用这些纸样制作的衣服不能用于任何娃娃展示活动。

如有需要，应该自己制作全新的纸样。

大多数出版物的书后均有这种提示。

本書の一部あるいは全部を無断で複写複製することは、法律で認められた場合を除き、著作権法の侵害となります。掲載してある型紙を使用し大量に複製し販売することも作者および掲載誌の著作権の侵害となります。造本には充分注意しておりますが、乱丁、落丁の場合はお取り替えいたします。購入した書店名を明記して当社出版課宛にお送りください。送料は当社負担でお取り替えいたします。ただし、古書店で購入されたものについてはお取り替えできません。

这种情况下，即便自己修改之后也不能用于商业用途。

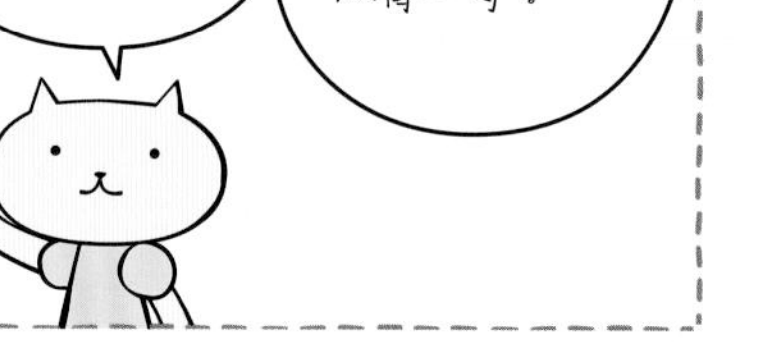

个人网站也经常展示作品

第9章

关于著作权

— COPYRIGHT —

允许使用范围

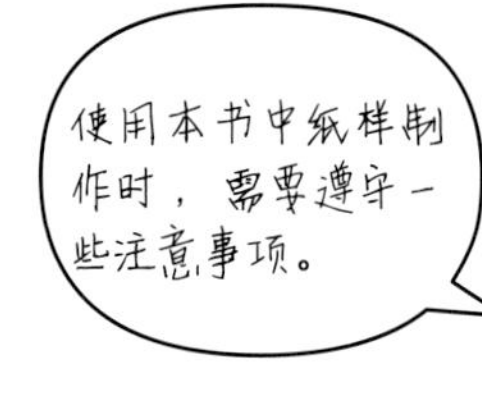

示例

利用本书中纸样的制作方法，自己全新制作的纸样，可自由使用。

全新制作！

☆售卖自己全新制作的原创设计。

☆售卖使用自制纸样制作的原创设计洋装。

■部分娃娃厂商甚至不允许售卖使用自制纸样及服饰。

■版权人物的服饰使用之前需要获得版权方许可。偶像的服饰等也不能随意售卖。

＊网站刊登属于灰色地带。

注意情况

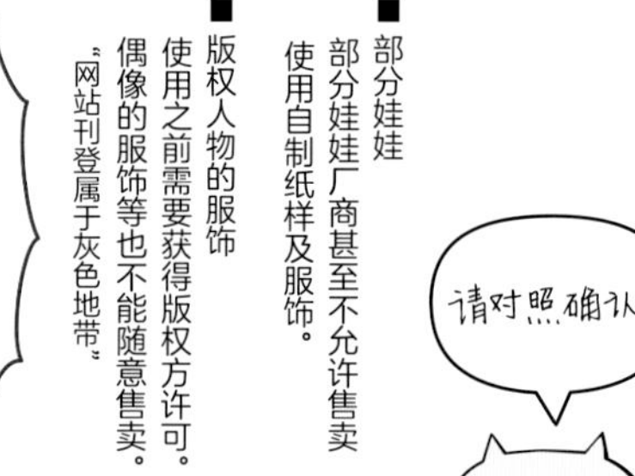

※仅限自己拍摄或经过许可。

☆将使用自制纸样制作的原创设计服饰刊登于网站。

☆将使用自制纸样制作的原创设计服饰向杂志社投稿。

☆将完成的时装作品及制作草稿刊登于网站。

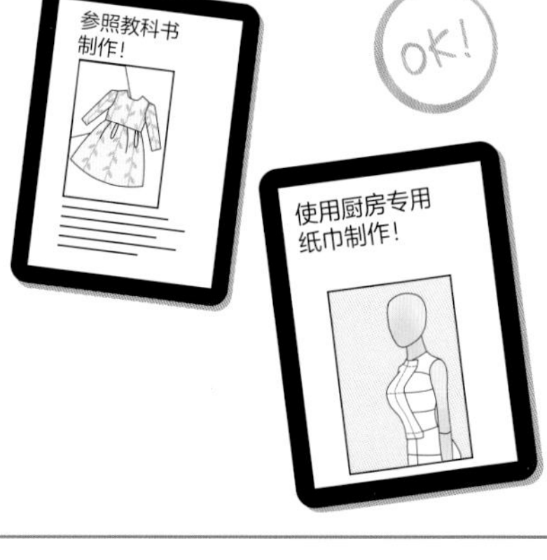

示例

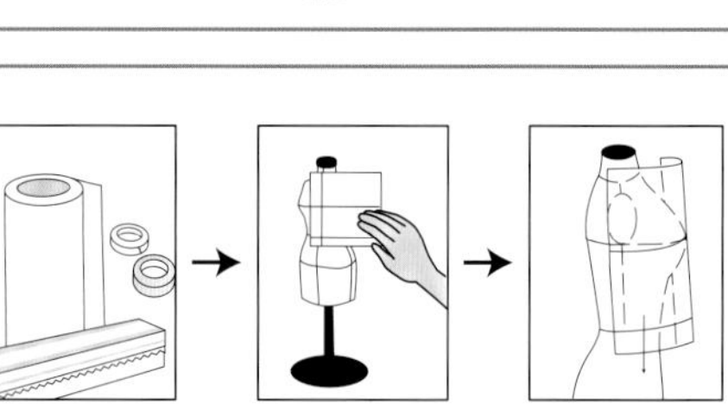

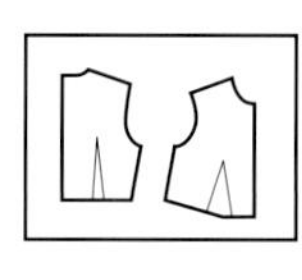

与制作服饰的流程有一定相似程度，难以判断。但是，应明确说明相关内容为转载。

建议这样制作纸样。

啊？谁看不是一样！

与书上内容基本一致！

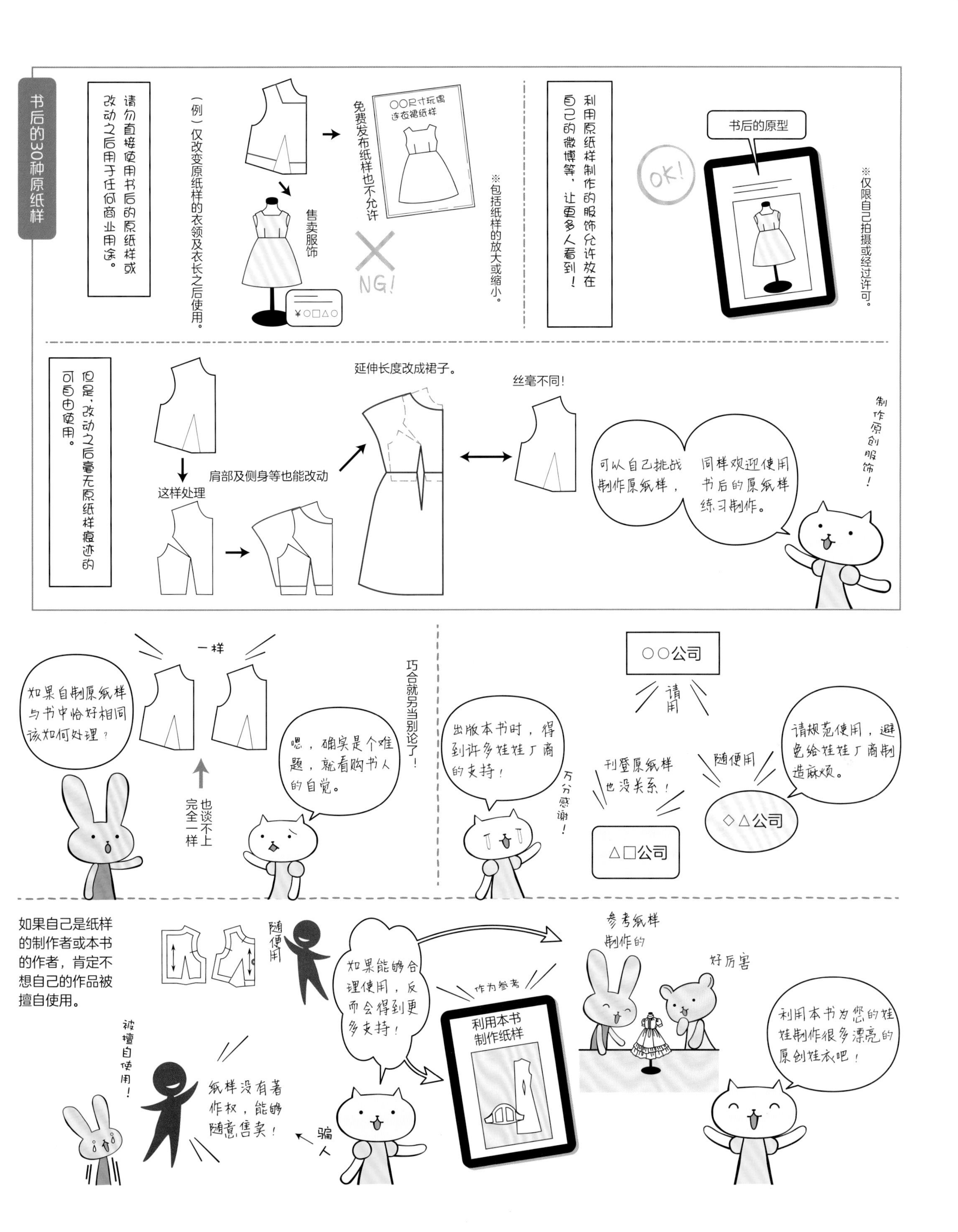
书后的30种原纸样
请勿直接使用书后的原纸样或改动之后用于任何商业用途。
（例）仅改变原纸样的衣领及衣长之后使用。
售卖服饰
免费发布纸样也不允许
○○尺寸玩偶连衣裙纸样
NG!
※包括纸样的放大或缩小。
利用原纸样制作的服饰允许放在自己的微博等，让更多人看到！
书后的原型
OK!
※仅限自己拍摄或经过许可。
但是，改动之后毫无原纸样痕迹的可自由使用。
这样处理
肩部及侧身等也能改动
延伸长度改成裙子。
丝毫不同！
可以自己挑战制作原纸样，
同样欢迎使用书后的原纸样练习制作。
制作原创服饰！
如果自制原纸样与书中恰好相同该如何处理？
一样
也谈不上完全一样
嗯，确实是个难题，就看购书人的自觉。
巧合就另当别论了！
出版本书时，得到许多娃娃厂商的支持！
万分感谢！
○○公司
请用
刊登原纸样也没关系！
△□公司
随便用
◇△公司
请规范使用，避免给娃娃厂商制造麻烦。
如果自己是纸样的制作者或本书的作者，肯定不想自己的作品被擅自使用。
随便用
如果能够合理使用，反而会得到更多支持！
作为参考
利用本书制作纸样
参考纸样制作的
好厉害
利用本书为您的娃娃制作很多漂亮的原创娃衣吧！
被擅自使用！
纸样没有著作权，能够随意售卖！
骗人

第 10 章

※

30 种原型纸样的说明

—BASIC PATTERNS—

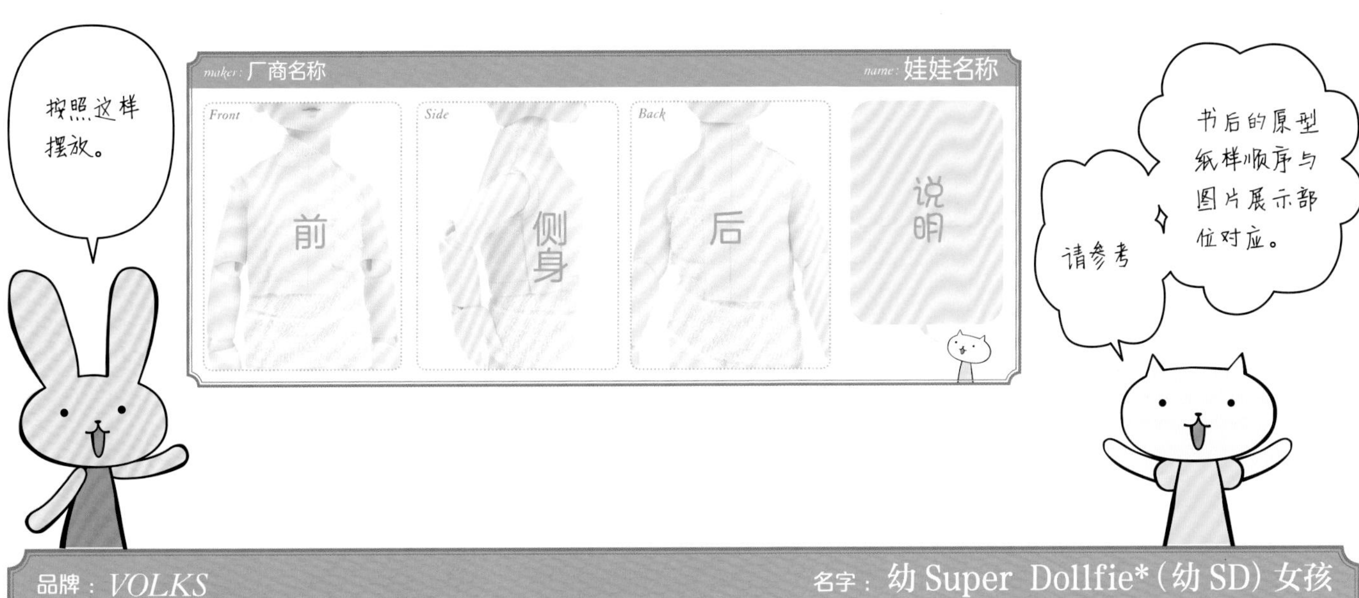
按照这样
摆放。
maker：厂商名称
name：娃娃名称
Front
前
Side
侧身
Back
后
说明
书后的原型
纸样顺序与
图片展示部
位对应。
请参考

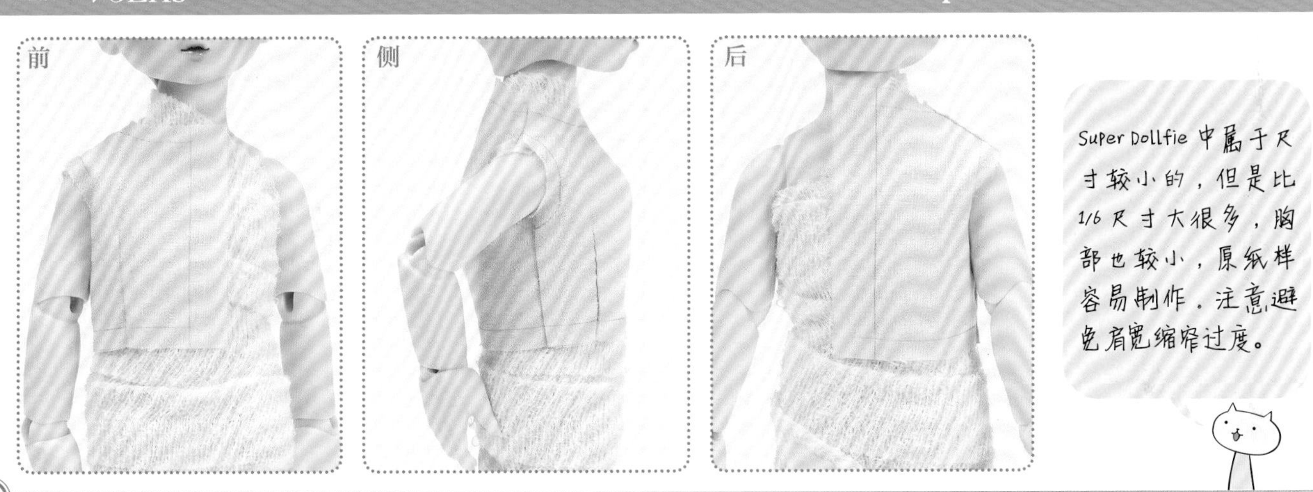
品牌：VOLKS
名字：幼Super Dollfie*（幼SD）女孩
前
侧
后
Super Dollfie中属于尺
寸较小的，但是比
1/6尺寸大很多，胸
部也较小，原纸样
容易制作。注意避
免肩宽缩窄过度。

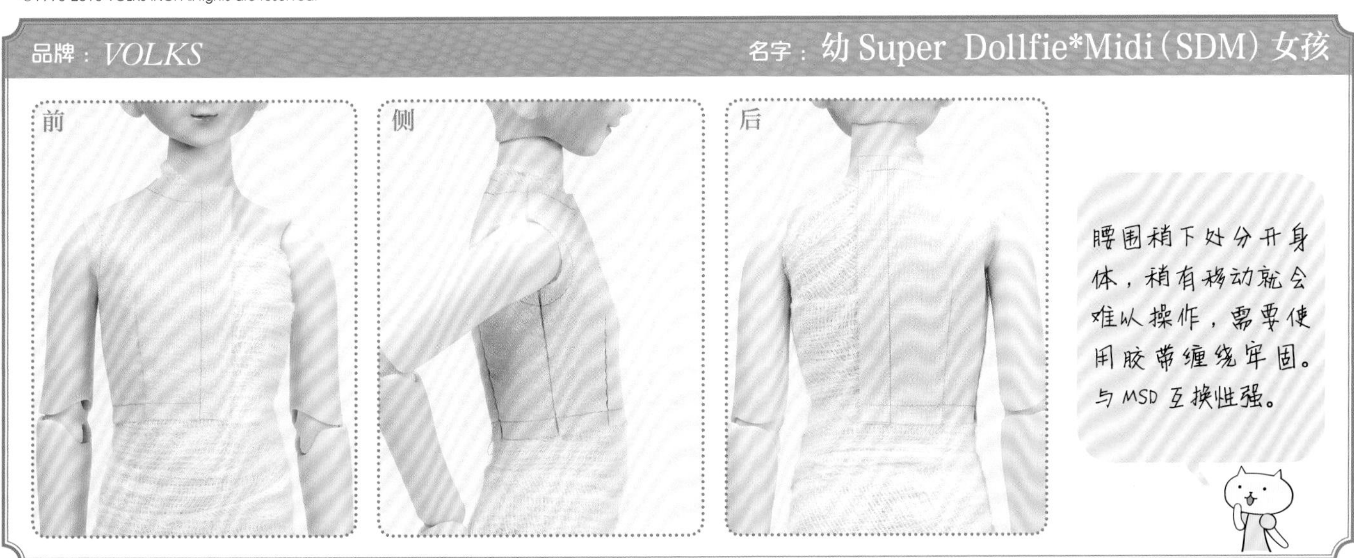
品牌：VOLKS
名字：幼Super Dollfie*Midi（SDM）女孩
前
侧
后
腰围稍下处分开身
体，稍有移动就会
难以操作，需要使
用胶带缠绕牢固。
与MSD互换性强。

品牌：*VOLKS*　　名字：Super Dollfie*(SD) 女孩

使用无分割的身体制作原纸样。胸部尺寸大小正好，属于容易制作原纸样的娃娃。建议初学者使用这种娃娃开始练习。

品牌：*VOLKS*　　名字：Super Dollfie*16(SD16) 女孩

迷人的体型，建议使用两条省道。并且，后侧省道份量比其他娃娃稍多。

品牌：*VOLKS*　　名字：Dollfie Dream*/Dollfie Dream*Sister(DD/DDS) SS 胸

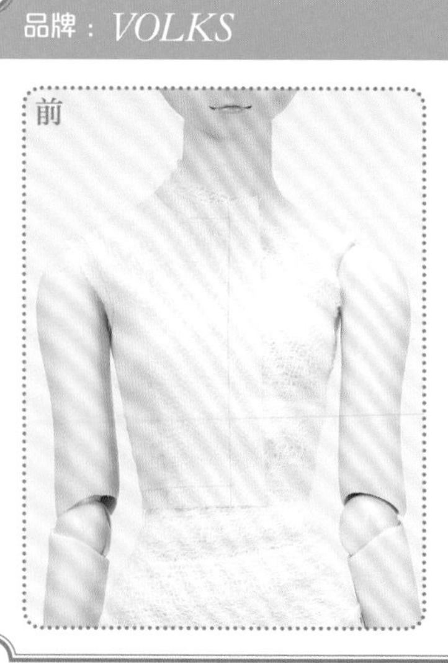

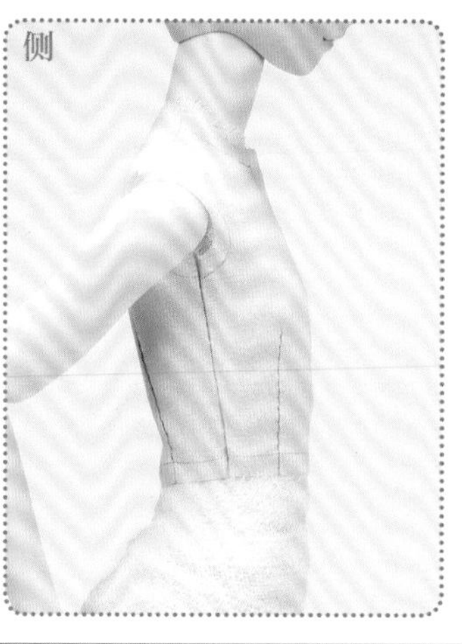

胸部小，原纸样容易制作。使用珍贵娃娃制作时，注意避免颜色转移。

品牌：*VOLKS*　　名字：Dollfie Dream*/Dollfie Dream*Sister（DD/DDS）S 胸

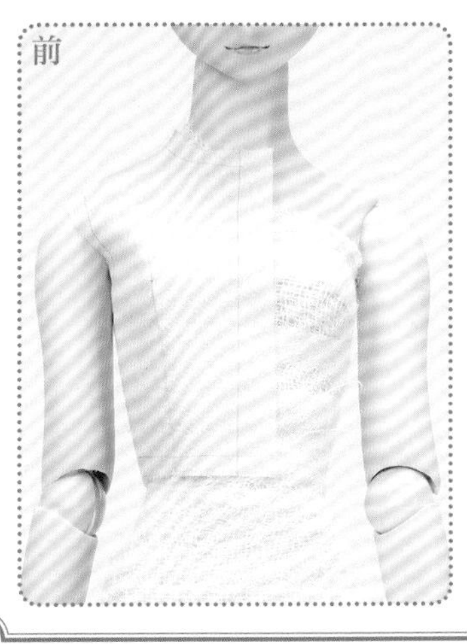

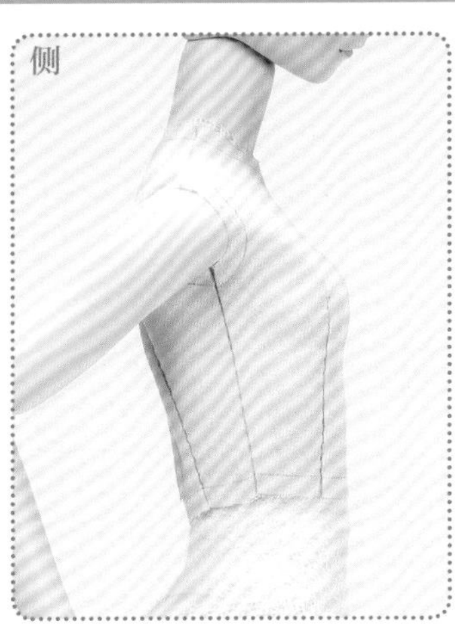

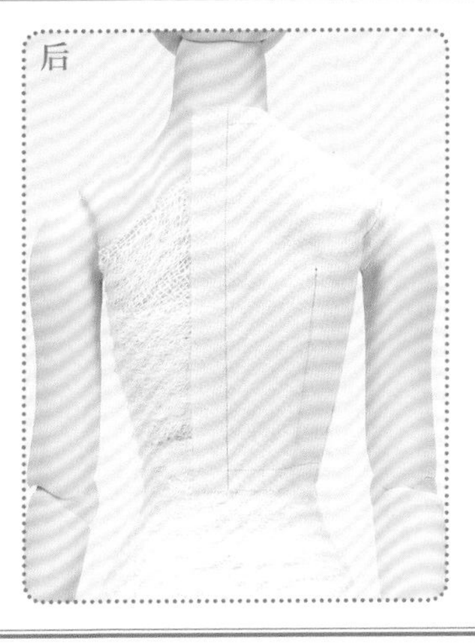

胸部稍稍隆起，并不是很大，一条省道即可制作，属于容易制作原纸样的身体，可用于练习。

品牌：*VOLKS*　　名字：Dollfie Dream*/Dollfie Dream*Sister（DD/DDS）M 胸

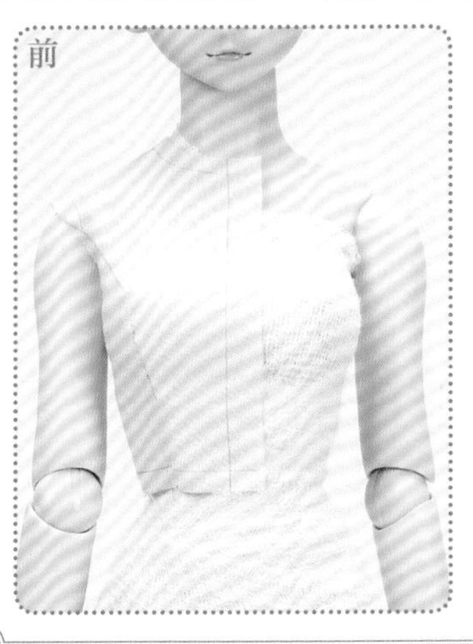

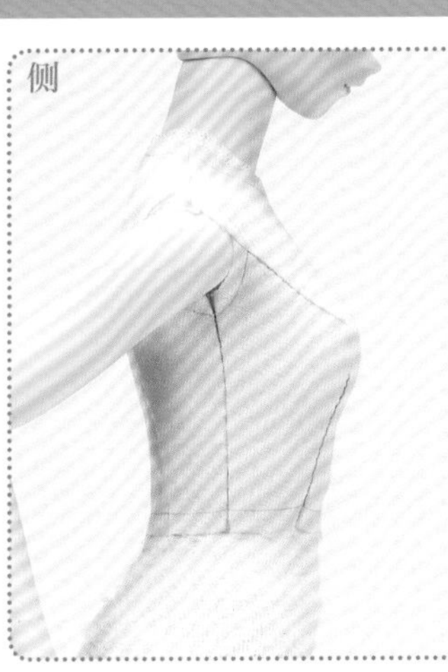

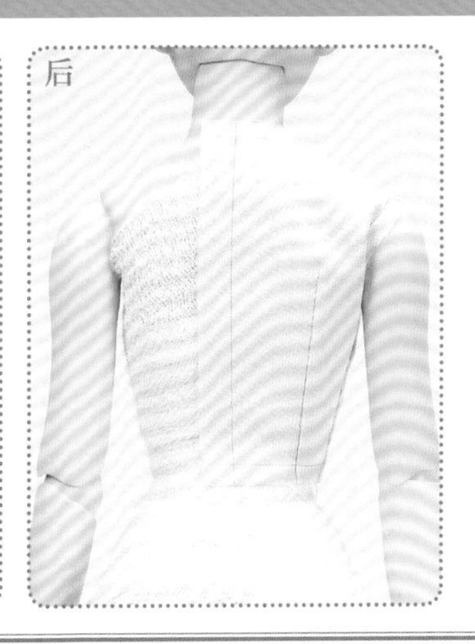

两条省道才能呈现优美线条。制作L胸的原纸样之前，先用M胸练习。

品牌：*VOLKS*　　名字：Dollfie Dream*/Dollfie Dream*Sister（DD/DDS）L 胸

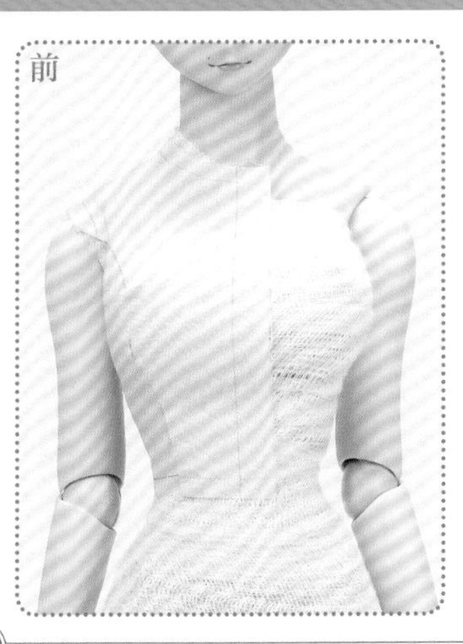

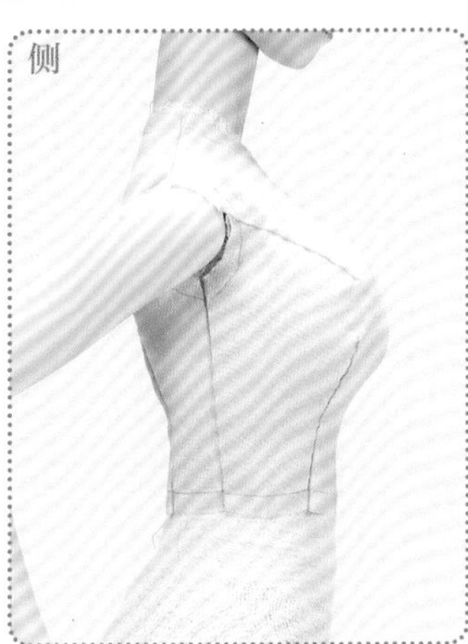

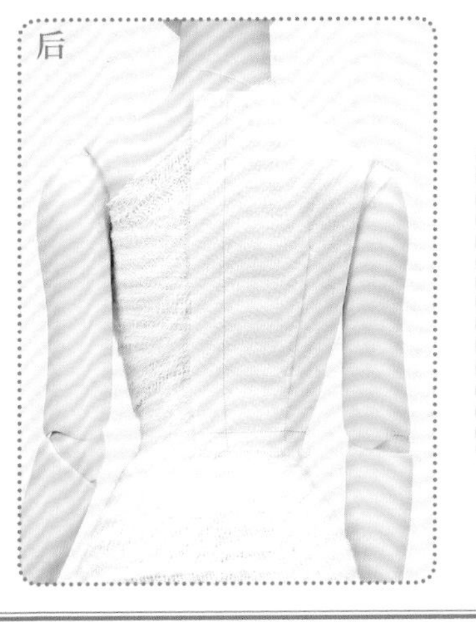

相当大的胸部，袖窿及胸下的省道份量多。对揪住位置进行研究，努力呈现漂亮、圆润的胸部。

品牌：*VOLKS*　　名字：Mini Dollfie Dream*（MDD）S胸

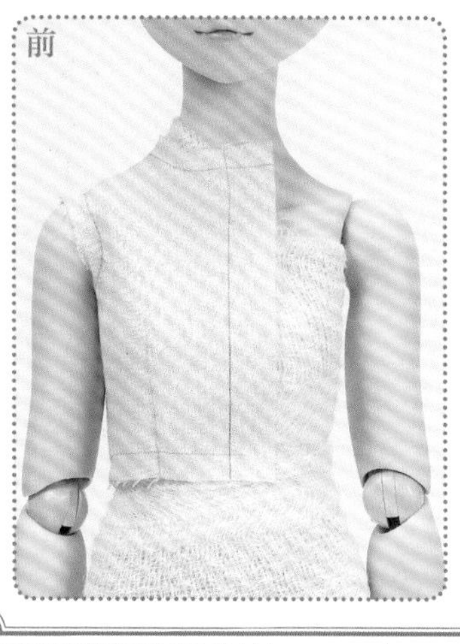

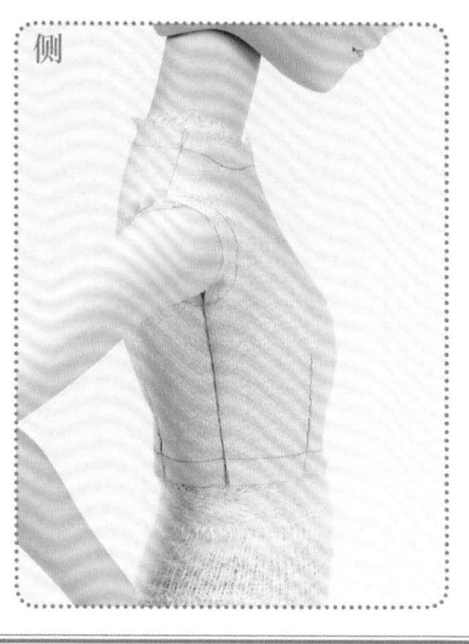

胸部小，容易制作。前省道份量极少，操作过程中应避免移动身体，牢牢固定。

品牌：*VOLKS*　　名字：Mini Dollfie Dream*（MDD）M胸

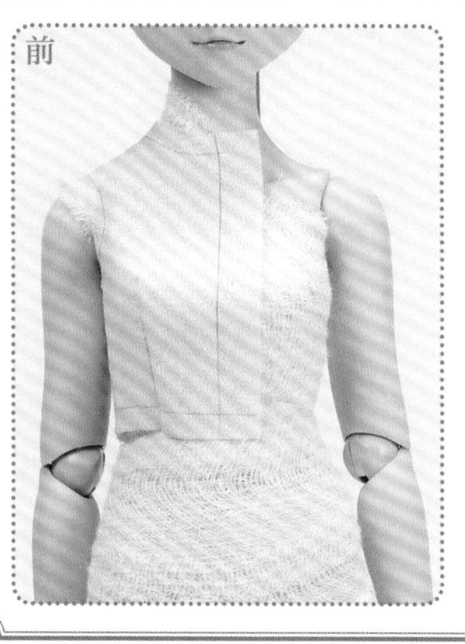

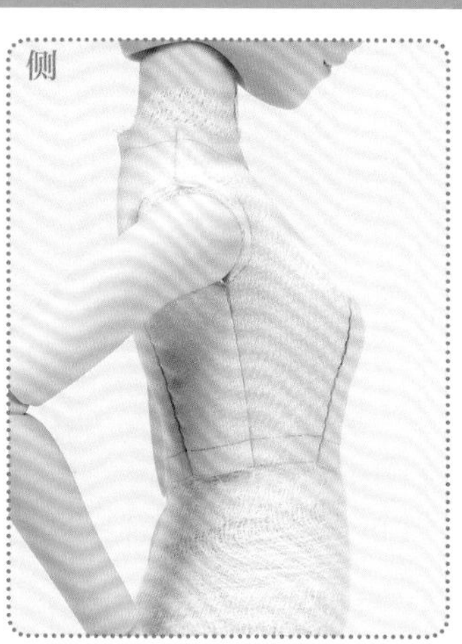

胸部隆起。一条省道也能胜任，但通常采用两条省道。

品牌：*VOLKS*　　名字：Mini Dollfie Dream*（MDD）L胸

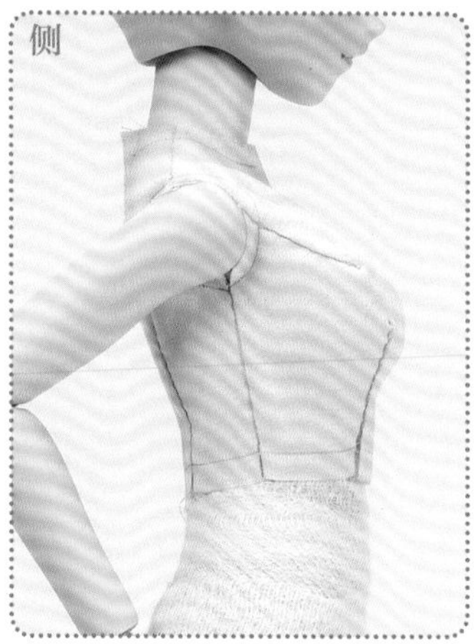

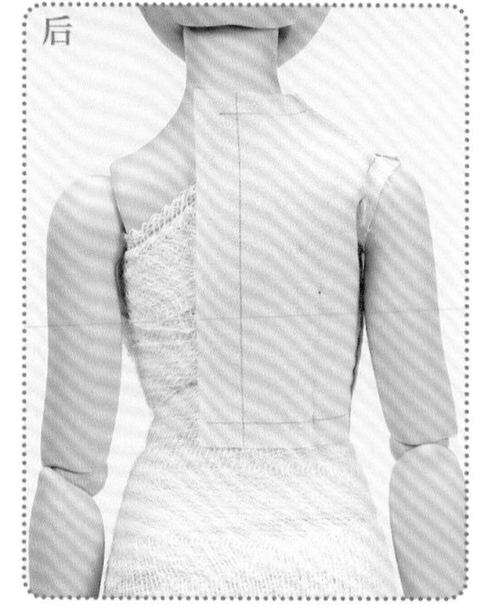

两条省道才能呈现优美线条。对揪住位置进行研究，努力呈现符合胸型的省道。

品牌：*OBITSU*

名字：OBITSU60

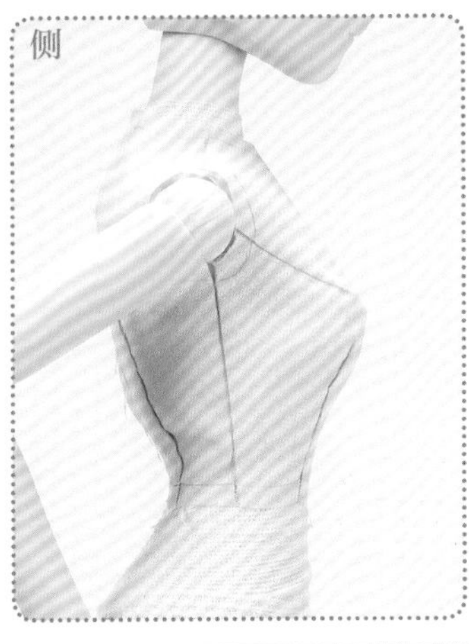

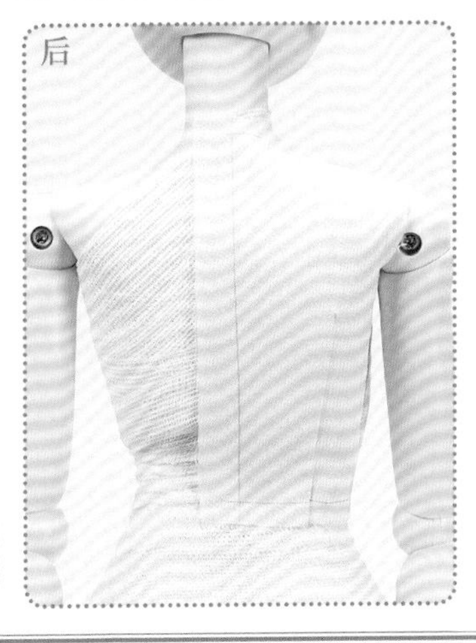

肩稍宽，胸部靠近中心，胸下的省道同样靠近中心。如果介意身体分割的高度差，可用绷带缠绕填补分割部分下方的间隙。

品牌：*OBITSU*　　名字：OBITSU48/50

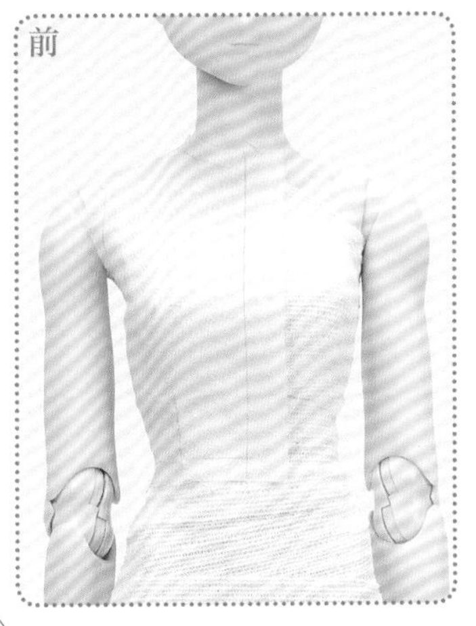

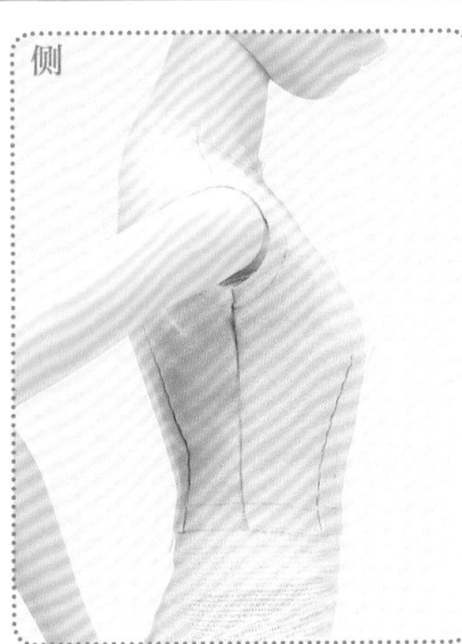

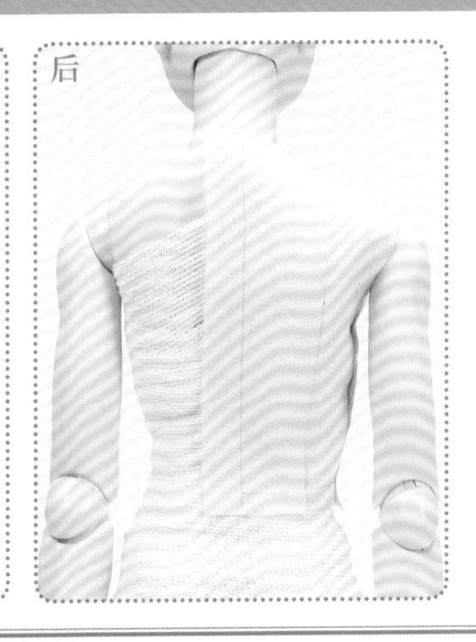

腰围线难以确定，贴线条胶带时应从远处确认位置平衡。

品牌：*OBITSU*　　名字：OBITSU11

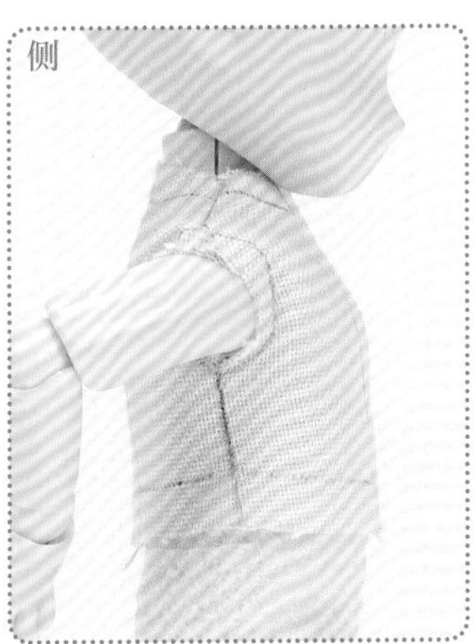

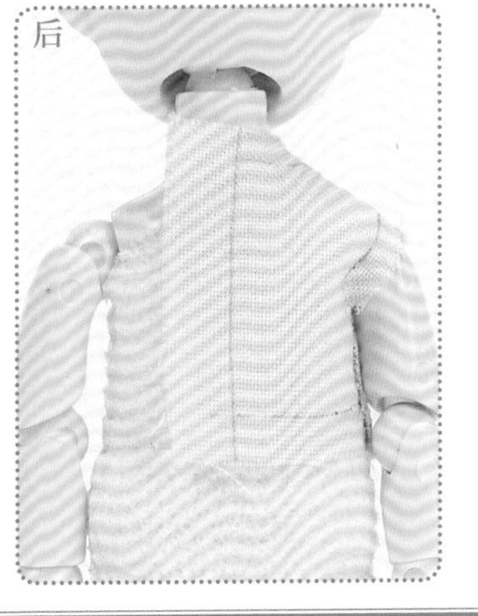

DOLLCE 等也有使用这种身体。前衣片降低，无省道。较小难以操作时，使用修补胶带固定，或者夹住侧身线和肩线分割制作。

品牌：*HOBBY JAPAN* 名字：U-noa Quluts 0

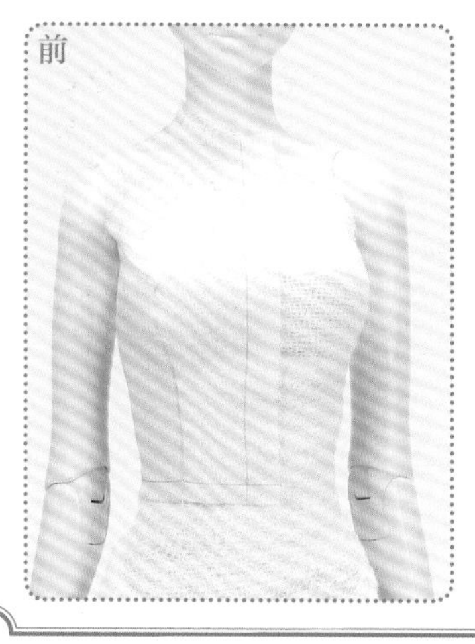

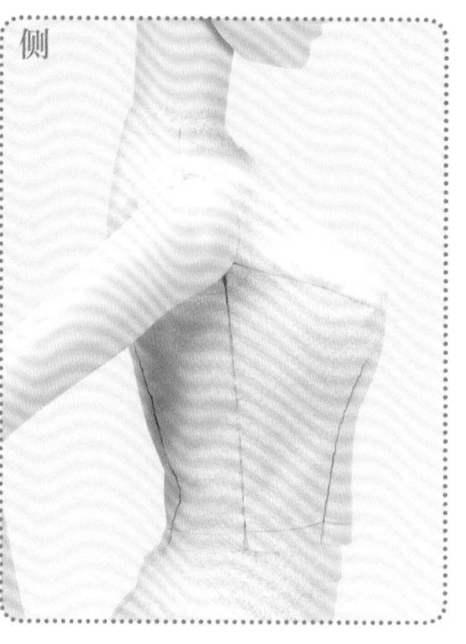

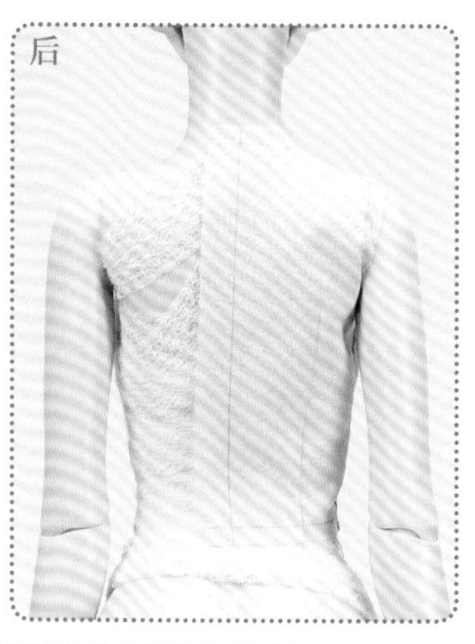

迷人的身体，建议使用两条省道。分割部分容易移动，用胶带缠绕固定。手臂朝向内侧，决定肩宽及袖孔位置时应注意。

品牌：炼金术工房 名字：U-noa Quluts 姐姐（发育胸）

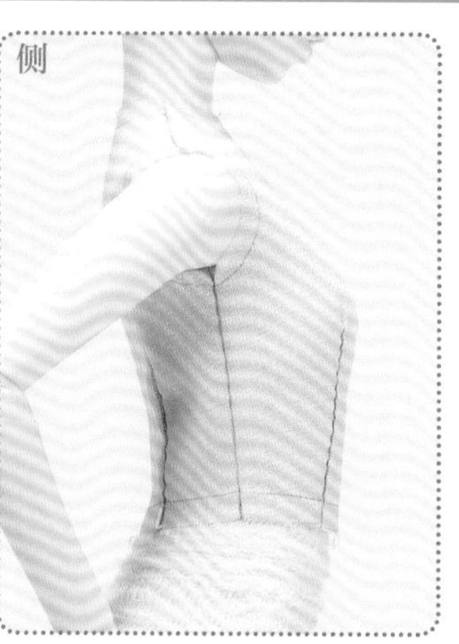

苗条、纤薄的身体，用于制作细长的原纸样。胸部靠近内侧，决定肩宽及袖孔位置时应注意。

品牌：炼金术工房 名字：U-noa Quluts 姐姐（迷人胸）

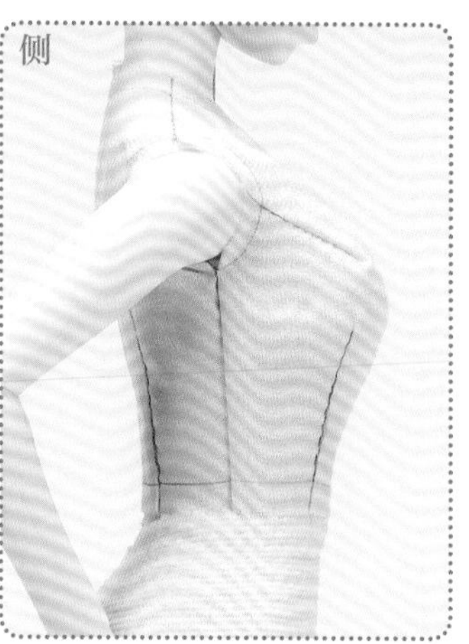

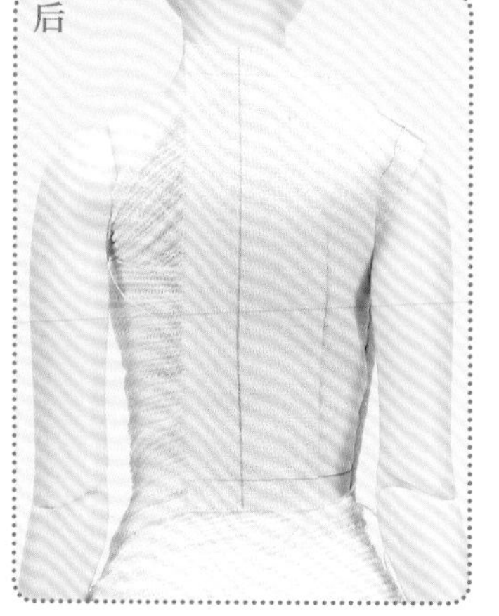

胸部较大，建议使用两条省道。身体苗条，应延长后侧省道。与上方身体相同，决定肩宽及袖孔位置时应注意。

品牌：炼金术工房　　名字：U-noa Quluts 少女（发育胸）

前　　侧　　后

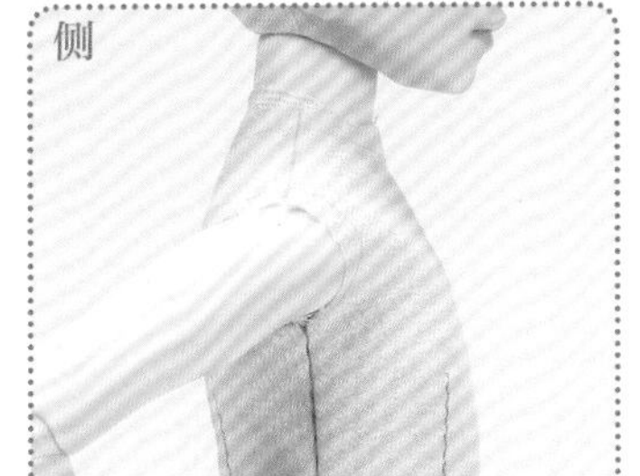

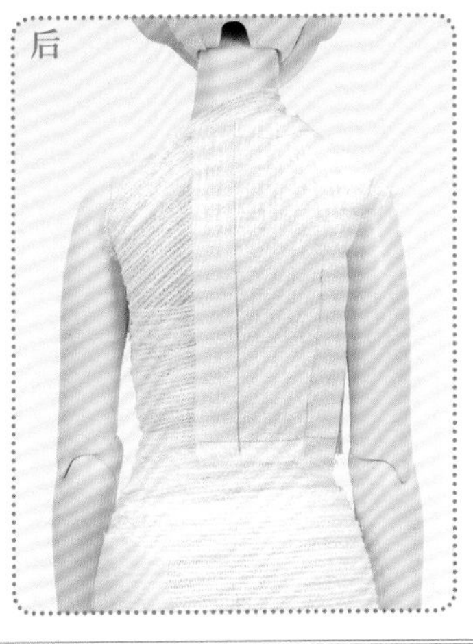

接近真人比例的协调身体，容易操作。但是，分割部分应用胶带缠绕牢固。

品牌：炼金术工房　　名字：U-noa Quluts 少女（选配胸）

前　　侧　　后

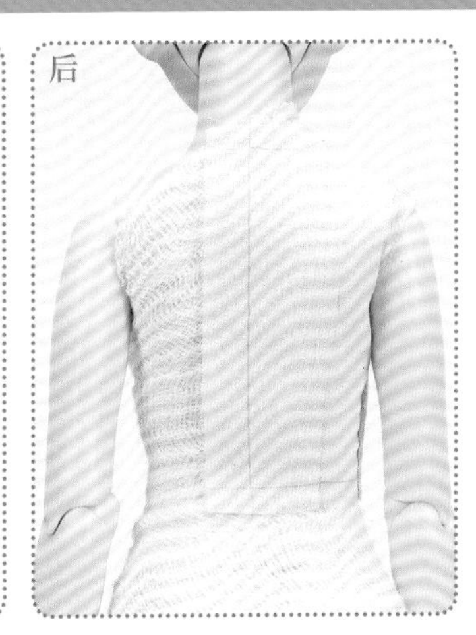

巨乳，建议使用两条省道。此款为较容易操作的身体，即便是初次挑战两条省道，也能轻松制作。

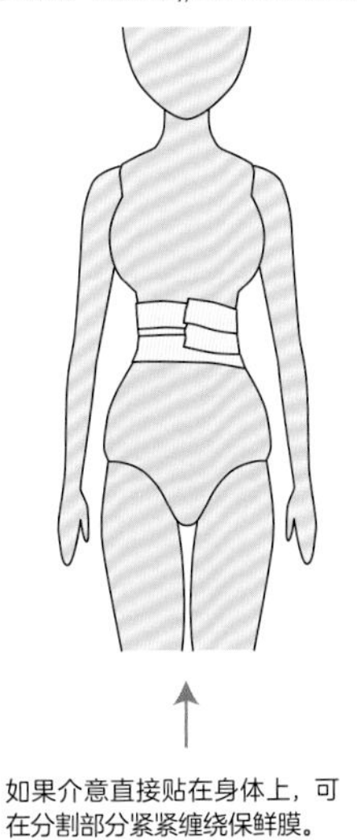

如果介意直接贴在身体上，可在分割部分紧紧缠绕保鲜膜。

属于容易转移颜色的材质，操作过程中用保鲜膜等做好保护。

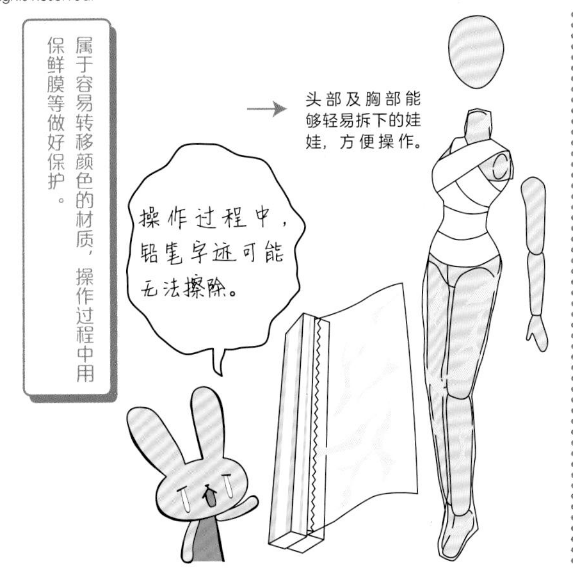

DD系列及U-noa系列等的几种同类胸型的娃娃

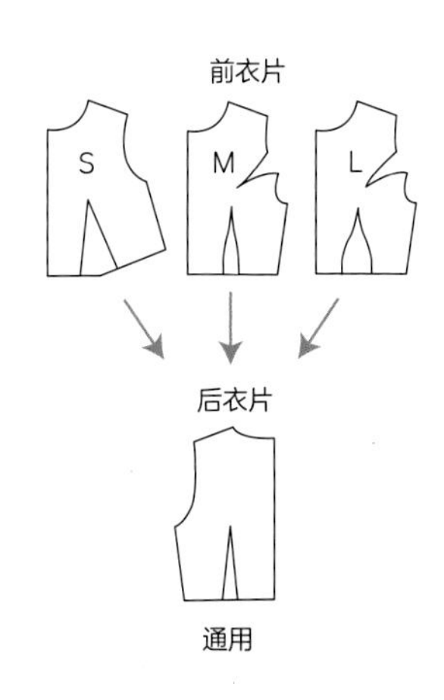

品牌：*TAKARA TOMY* 名字：小布娃娃（Blythe）

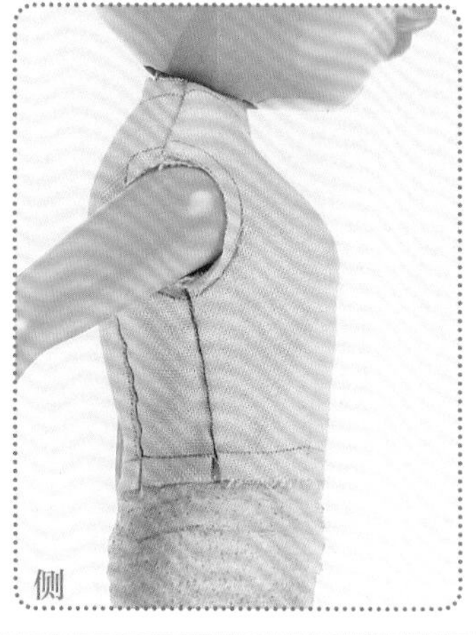

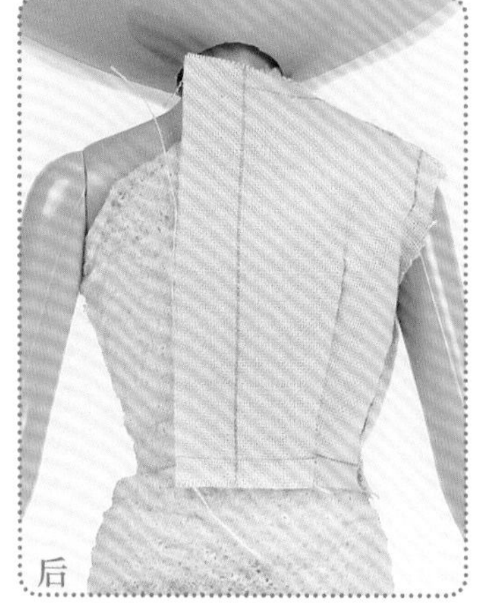

如有可能，拆下头部更容易操作。两个手臂的厚度造成阻碍，后衣片无法缠绕时，剪掉多余部分，或加入细密剪口。

品牌：*TAKARA TOMY* 名字：中布娃娃（Middle Blythe）

小布娃娃直接缩小的感觉，操作重点与小布娃娃基本相同。但是，由于尺寸较小，操作难度大。

品牌：*TAKARA TOMY* 名字：Licca

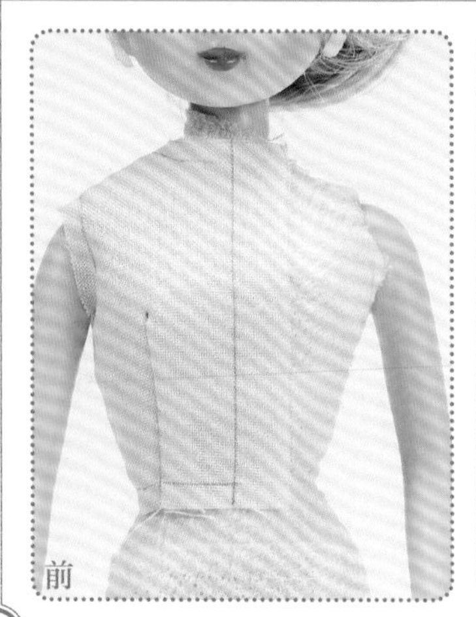

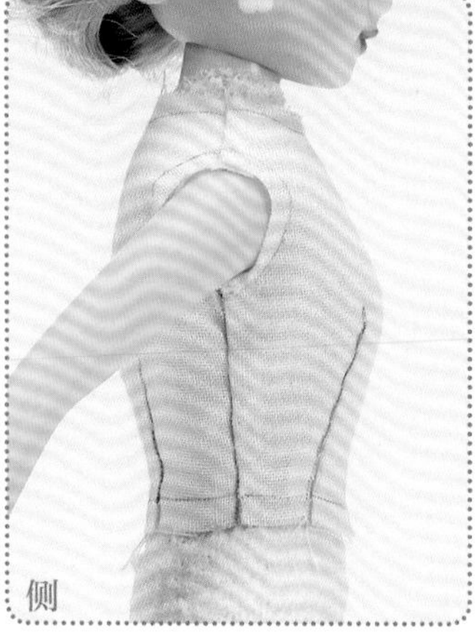

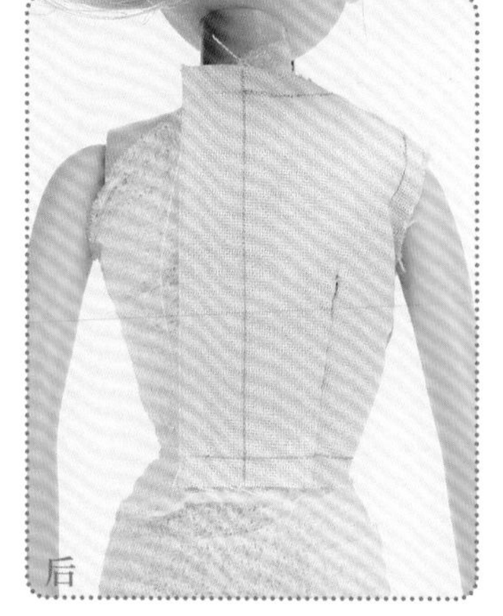

制作关键与小布娃娃基本相同。手臂的关节正好位于袖孔位置，腰围的位置同样清晰。根据流行趋势，也可稍稍改变高度。

品牌：*TAKARA TOMY*

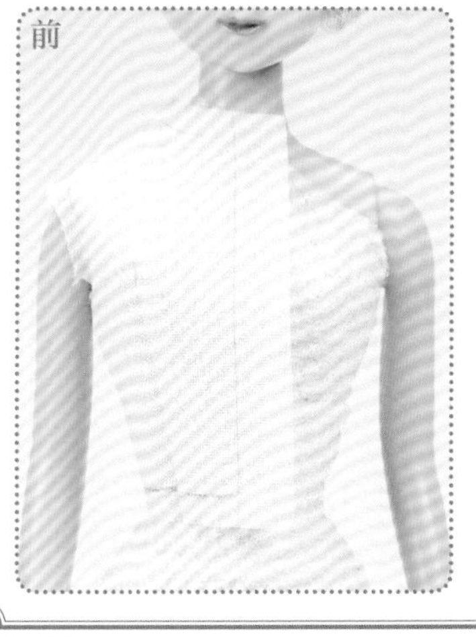

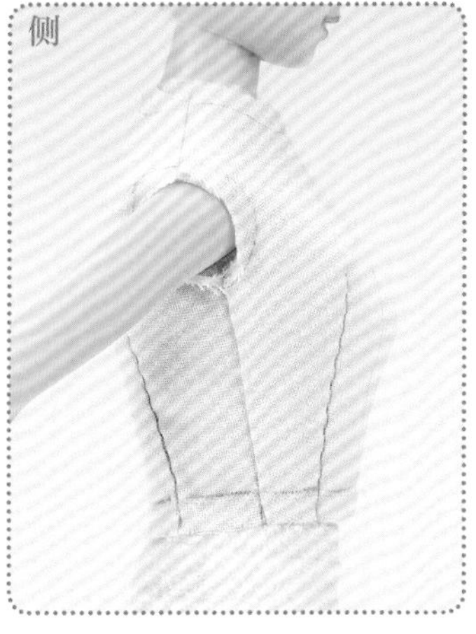

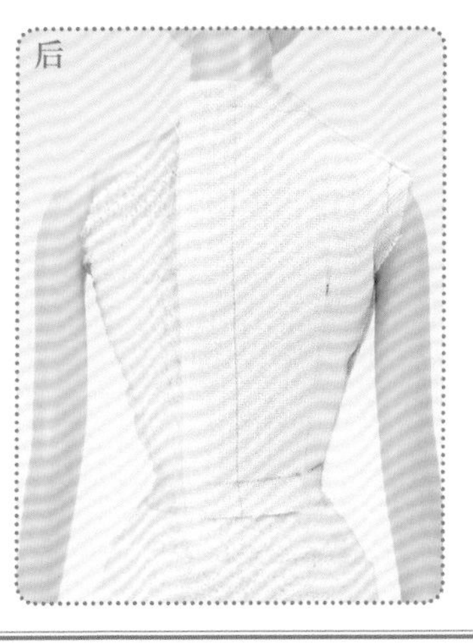

胸部突显，腰围纤细的迷人体型。尺寸稍小，一条省道就能展现出优美线条。纸样容易缠绕，适合练习制作纸样。

品牌：*GROOVE* 名字：Pullip

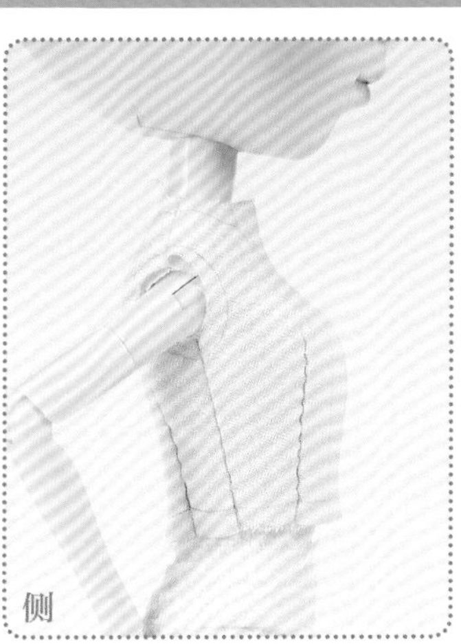

胸部水平朝上，袖窿附近容易操作。标准体型，适合制作稍长的原纸样。根据流行趋势，也可稍稍改变腰围高度。

品牌：*TONNER* 名字：Tiny Betsy McCall

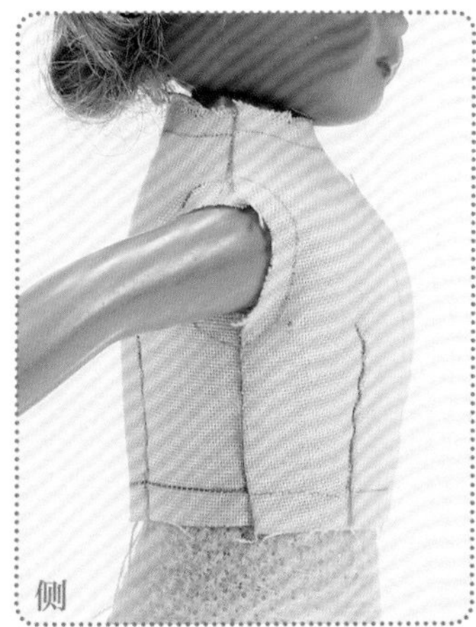

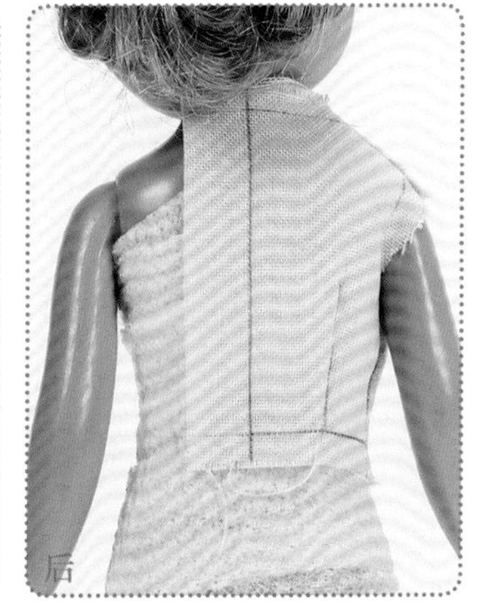

有腰身，但无乳沟，形似花生壳的体型。并非真人身材比例，线条简洁，容易操作。

品牌：*AZONE INTERNATIONAL* 名字：Pureneemo XS

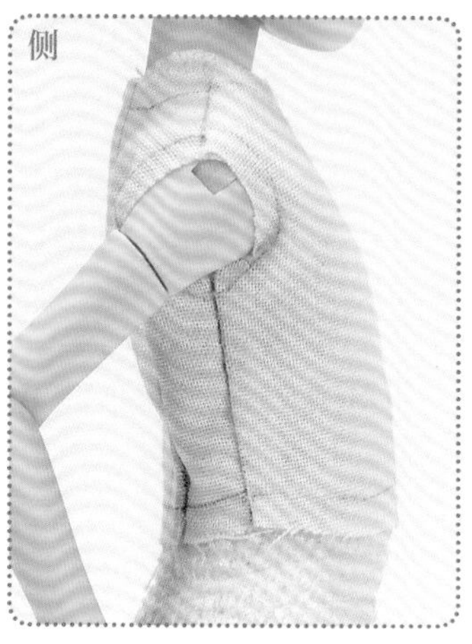

看似简单的体型，侧面有微妙变化，纸型较难缠绕。前衣片靠下，无省道。

品牌：*AZONE INTERNATIONAL* 名字：Pureneemo S

身体侧面有变化，背部拱起，后省道长度较难决定。

品牌：*AZONE INTERNATIONAL* 名字：KIKIPOP！

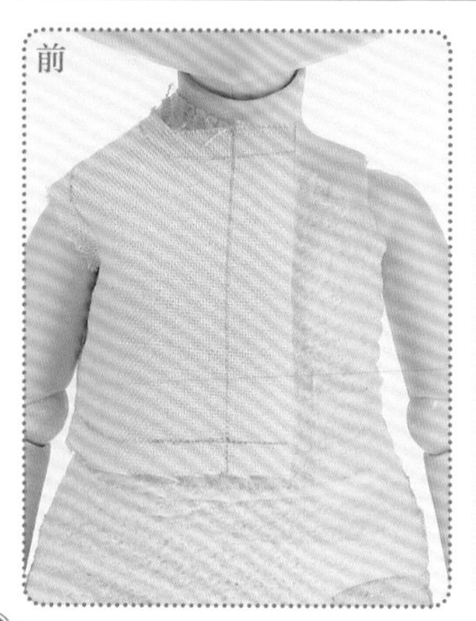

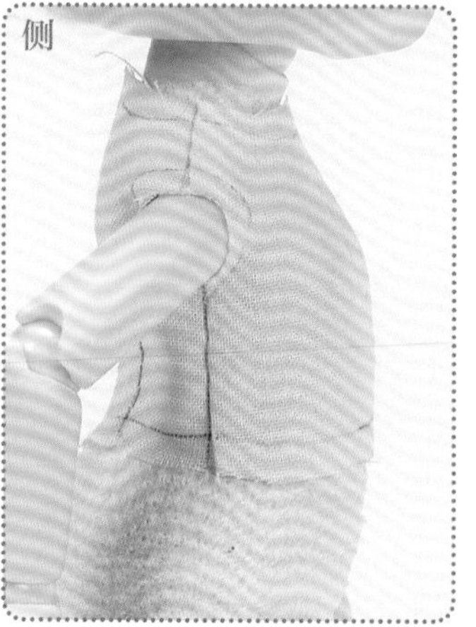

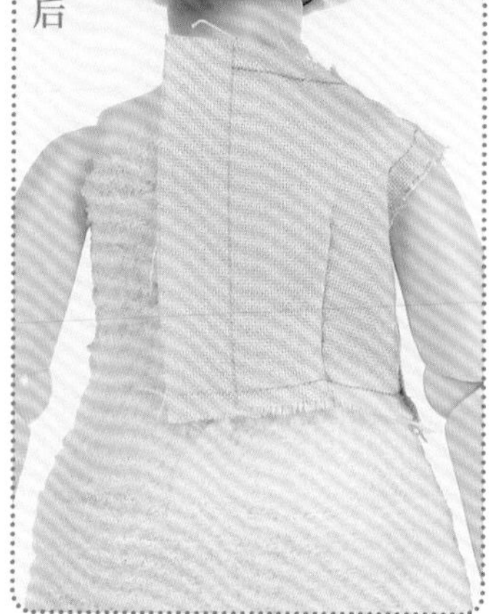

特殊体型，后侧带有省道，但前侧无省道。腰围位置不清晰，从远处观察，在协调的位置画线。

制造商：*SEKIGUCHI* 名字：momoko DOLL

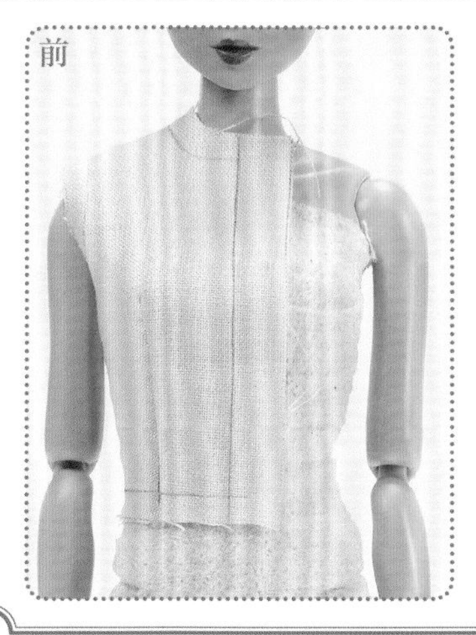

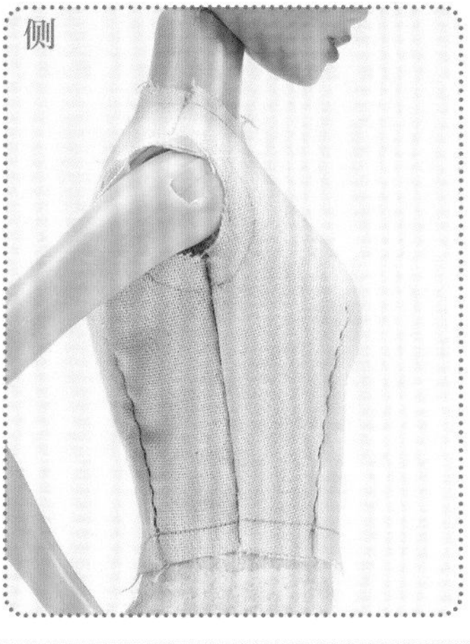

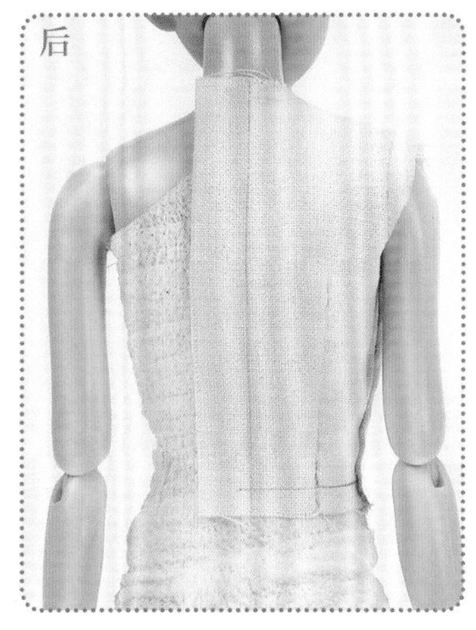

前方水平向上，袖窿附近容易操作。协调的身体，但体型小，一条省道足够。腰围的位置清晰，也可根据流行趋势，稍稍改变腰围高度。

制造商：*PetWORKs* 名字：Odeco-chan&Nikki

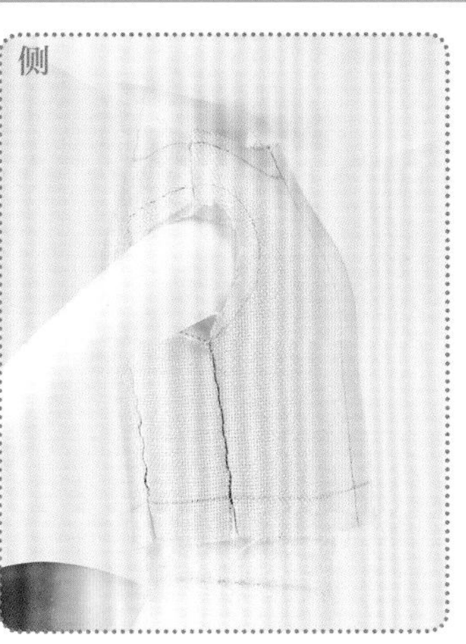

背部拱起，肩胛骨位置不清晰，后衣片的省道位置较难决定。前衣片朝下，无省道。

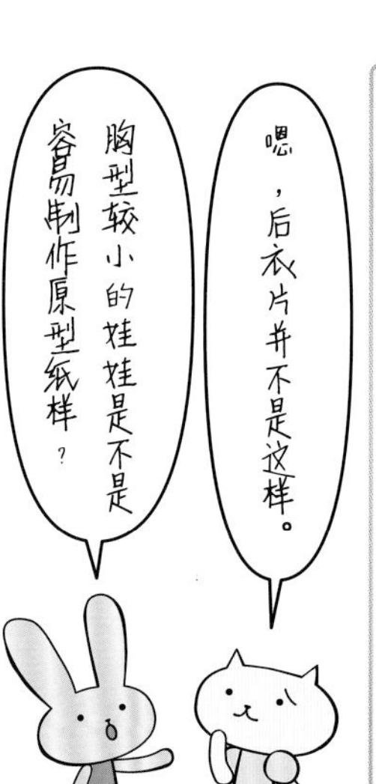

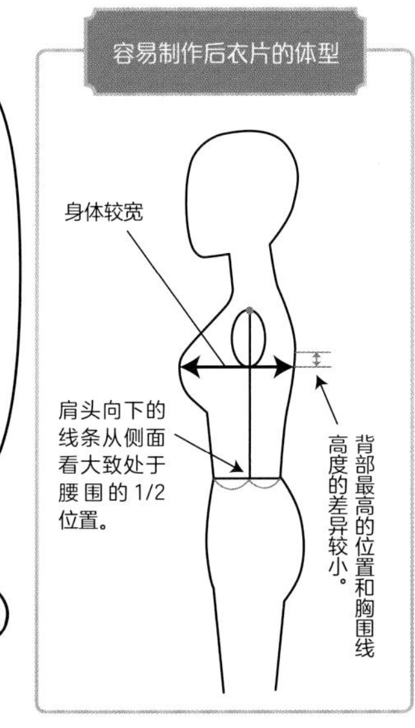

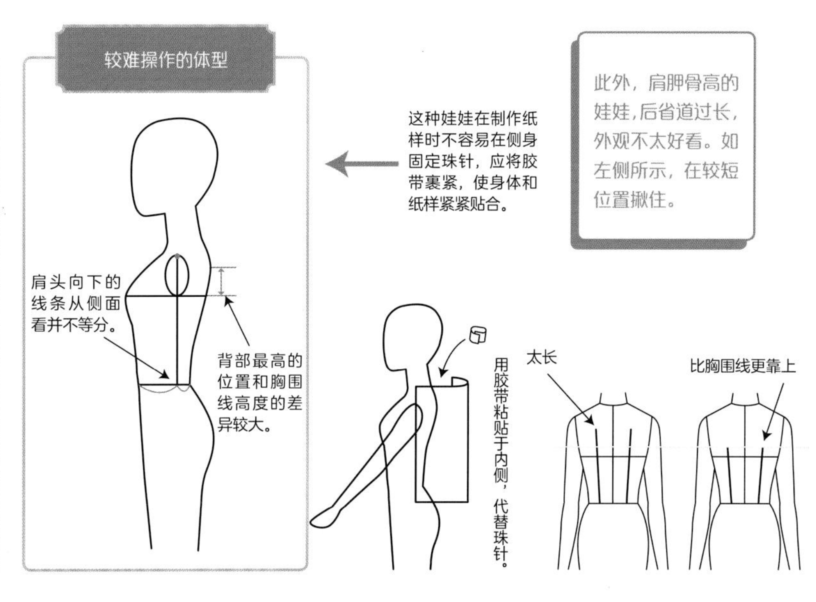